【中国人格读库】

国家新闻出版广电总局

培育和践行社会主义核心价值观主题出版重点出版物

颜之推

论君子家风

高占祥　主编

周殿富　注释

北京时代华文书局

图书在版编目（CIP）数据

颜之推论君子家风 / 周殿富注释 . -- 北京 ： 北京时代华文书局， 2014.9
（2022.3 重印）

（中国人格读库 / 高占祥主编）

ISBN 978-7-80769-837-1

Ⅰ．①颜… Ⅱ．①周… Ⅲ．①家庭道德－中国－南北朝时代 ②《颜氏家训》－注释 Ⅳ．① B823.1

中国版本图书馆 CIP 数据核字（2014）第 199538 号

颜之推论君子家风
YAN ZHITUI LUN JUNZI JIAFENG

主 编 | 高占祥
注 释 | 周殿富

出 版 人 | 陈 涛
责任编辑 | 邢 楠
装帧设计 | 程 慧 赵芝英
责任印制 | 訾 敬

出版发行 | 北京时代华文书局 http://www.bjsdsj.com.cn
北京市东城区安定门外大街 138 号皇城国际大厦 A 座 8 楼
邮编：100011 电话：010 - 64267955 64267677
印 刷 | 三河市嵩川印刷有限公司 0316 - 3650395
（如发现印装质量问题，请与印刷厂联系调换）
开 本 | 787mm×1092mm 1/16 印 张 | 9.75 字 数 | 95 千字
版 次 | 2016 年 1 月第 1 版 印 次 | 2022 年 3 月第 3 次印刷
书 号 | ISBN 978-7-80769-837-1
定 价 | 38.00 元

社会主义核心价值观与中国人格

周殿富

社会主义制度在中国已经建立了六十余年，而我们党则在本世纪初叶提出了培育弘扬社会主义核心价值观的重大课题，显然是其来有自。

社会主义的道德风尚在新中国蔚然兴起，曾经那样地风靡于二十世纪中叶。邓小平同志曾经在改革开放中讲过，当年"这种风气不仅是中国历史上从来没有过的，而且受到了世界人民的赞誉"。然而可惜的是，这个在社会主义制度建立与实践中，同步兴起的社会主义道德风尚的成长道路，却是一波四折。半个多世纪以来，它先是与共和国一道遭受了十年"文革"的浩劫；接着便是全党工作重心转移到改革开放进程中，欧风美雨"里出外进"的浸洗濡染；再接着是西方"和平演变"在东欧得手的强烈震荡与冲击；最后又是市场经济中那两只"看不见的手"在搅动着、嬗变着人们的价值取向。至少在国民中出现了价值观上的多层次化，传统美德的弱化，社会道德文明水准的退化，光荣革命传统的淡化，这也许正是中央在本世纪初提出社会主义核心价值观的原因吧。

不管怎么"变"，怎么"化"，当我们回首来时路，却不能不说，中华民族真的很强大，很值得骄傲。人类经历了几千年的文明进程，堪称世界文化之源的"五大文明古国"，其他四大古国文明都已被历史淘汰灭亡，只有中国成了唯一的延续存在。近现代即使那般的积贫积弱，被西方列强豆剖瓜分、弱肉强食，想亡我中华都不可能，就连最强大的美帝国主义，最凶残的日本军国主义都成为我们的手下败将，而且打出了一个新中国，且跨过整整一个历史阶段，直接进入了社会主义。西方敌对势力几十年不遗余力地对新中国百般围剿，"冷战""热战""和平演变"手段用尽，连如此强大的前苏联乃至整个苏东阵营都被瓦解了，而社会主义的旗帜仍旧在960万平方公里的土地上高高飘扬，而且昂首挺胸地屹立在世界的东方，中国真的是太强大了。几十年来的瞩目成就，竟然令西方发出了"中国威胁论"。你管他别有用心也好，言过其实也好，总比让别人说我们是"瓷器"，是"东亚病夫"好吧？1840~1949年的一百零九年间，中国尽受别人的欺负、"威胁"了，我们也能让那些昔日列强有点"威胁感"，又有什么不好？更何况这是他们自己说的啊！我们并没吹嘘，也没有去做。几千年来我们侵略过谁呢？"反战""非攻""兼相爱，交相利"，中国古有墨子，近有周恩来、邓小平同志。这也是中华民族固有传统美德的延续吧！

生于忧患，死于安乐，这也当是中华民族的一个传统美德吧？几十年来尽管中国如此繁荣兴旺，但从邓小平生前一直到党的"十八大"以来，无论哪一届中央领导集体，从来都没有忘记过国之忧患。忧在何处，患在何处呢？

二十世纪八十年代末，邓小平同志曾经在半年的时间内四次提到：中国改革开放十年最大的失误在教育，在"对青年的政治思想教育抓得不够""对人民的教育不够"，足见他的痛心疾首。他晚年时又提到了"国格"与"人格"的问题，讲道："谈到人格，但不要忘记还有一个国格。特别是像我们这样第三世界的发展中国家，没有民族自尊心，不珍惜自己民族的独立，国家是立不起来的。"

（精装版《邓小平文选》第3卷331页。）

人们很少注意到邓小平的这一段话，但邓小平恰恰是在这里把"国格""人格"提升到了事关"立国"的高度。

那么，什么是我们社会主义的"国格"呢？邓小平讲得很明白："民族自尊心""民族的独立"。

新中国一路走来，我们最大的尊严便是完全靠"自力"，靠"艰苦奋斗"，而达"更生"之境。对西方敌对势力的"冷战""热战""和平演变"，我们何曾有过屈服？也正是在这一前提下，我们才有真正的"民族独立"。这就是我们的国格。那么什么是我们中国人的人格呢？邓小平同志在这里没有讲，但他在1978年4月22日召开的全国教育工作会议上的讲话中，在讲到我们的教育培养目标时，至少提到与社会主义人格相关的各个方面：革命的理想，共产主义的品德，勤奋学习，严守纪律，艰苦奋斗，努力上进，爱祖国，爱人民，爱劳动，爱科学，爱护公共财产，助人为乐，英勇对敌，集体主义精神，专心致志地为人民工作，等等。这里的哪一条不属于社会主义人格的范畴呢？

2006年党的十六届三中全会，第一次提出了"建设社会主义核心价值体系"的历史性命题和战略任务。2007

年，胡锦涛同志在"6·25"讲话中又具体提出这个"体系"包括四个方面的内容：①马克思主义的指导思想；②中国特色社会主义共同理想；③以爱国主义为核心的民族精神和以改革创新为核心的时代精神；④社会主义荣辱观。这四个方面，一是信仰，二是理想，三是精神，四是道德文明，哪一个不在社会主义人格的范畴之内呢？党的十七届六中全会又提到了社会主义核心价值体系是"兴国之魂"。

2012年11月，在党的"十八大"上又用"三个倡导"把社会主义核心价值观概括为十二项：①倡导富强、民主、文明、和谐；②倡导自由、平等、公正、法制；③倡导爱国、敬业、诚信、友善。而且中办文件又把这"三个倡导"分为三个层面：第一个"倡导"的四项，是国家层面的价值目标；第二个"倡导"的四项，是社会层面的价值取向；第三个"倡导"的四项，是公民个人层面的价值准则。实际上前两个"倡导"的八项都是属于"国格"范畴，而第三个"倡导"是属于"人格"范畴。

那么，我们怎样才能在前面讲到的那些历史嬗变中培育建构起这个"核心价值观"呢？中共中央政治局的第十三次集体学习，似乎很明确地回答了这个问题。

新华社北京2014年2月25日电讯称：中央政治局在2月24日，以弘扬社会主义核心价值观，弘扬中华传统美德为内容，进行了集体学习，习近平总书记在主持学习时强调：

　　培育和弘扬社会主义核心价值观必须立足中华优秀传统文化。牢固的核心价值观，都有其固有的根本。抛弃传统、丢掉根本，就等于割断了自己的精神命脉。博大精深的中国优秀传统文化是我们在世界文化激荡中落稳脚跟的根基。中华文化源远流长，积淀着中华民族最深层的精神追求，代表着中华民族独特的精神标识，为中华民族生生不息、发展壮大提供了丰厚滋养。中华传统美德是中华文化精髓，蕴含着丰富的思想道德资源。不忘本来才能开辟未来，善于继承才能更好创新。对历史文化特别是先人传承下来的价值理念和道德规范，要坚持古为今用、推陈出新，有鉴别地加以对待，有扬弃地予以继承，努力用中华民族创造的一切精神财富来以文化人，以文育人。

　　习近平总书记的这段论述相当精辟，对于如何培育建构社会主义核心价值观问题从四个方面剀切明白。

第一，他明确指出要在中华优秀传统文化的基础上，来构造我们的社会主义核心价值观，而不能割断历史。这一条十分重要，否则我们便会失去我们的本来面目，便会成为无源之水，也就无法走向未来。

第二，指出了中华传统美德是中华文化精髓，蕴含着丰富的思想道德资源。这就为我们揭示了社会主义核心价值观，要以弘扬优秀的中华传统美德为基础。

第三，他指出，对传统文化在扬弃中继承，在继承中创新。这就是说，社会主义核心价值观的内涵，既要有优良传统的文化精神，也要有时代精神，是二者的有机结合。

第四，他指出要用中华民族创造的一切精神财富，来化人育人。这就是说，弘扬中华民族文化，并不只是传承儒学那些道统，而是要弘扬全民族共创的优秀传统文化。同时也就是说，培育、弘扬社会主义核心价值观的根本目的是化民、育人。

尤其值得瞩目的是，习近平总书记在这次讲话中提到了一个"中华民族独特的精神标识"问题，而在同年的全国组织部长会议上又提出我们再也不能以GDP论英雄的思想。让人欣慰的是，思想道德文化建设终于被提升到一个民族的标识地位，这至少表明中国人的思想观念，并不落伍于世界潮流。

并不受人欢迎的亨廷顿生前给他的祖国提出的警示忠告，竟是如何弘扬他们没有多少历史和文化的"传统文化"："盎格鲁新教精神——美国梦"，以此为国家的"文化核心"问题。他讲道："在一个世界各国人民都以文化来界定自己的时代，一个没有文化核心而仅仅以政治信条来界定自己的社会，哪有立足之地？"所以，他提醒他无限忠于的祖国，一定要巩固发扬他们自入居北美以来，在新教精神基础上形成的"美国梦"理念的"文化核心"地位，这样才能消解这个国家的民族与文化双重多元化的危机。为此，他甚至预言美国弄不好会在本世纪中叶发生分裂。而且他公开预言不列颠大英帝国也会因民族与文化多元化的问题，导致在本世纪上半期发生分裂。

西方的一些专家学者们也十分强调国家民族文化的地位问题，柏克说："全世界的人根据文化上的界限来区分自己。"丹尼尔同样说："保守地说，真理的中心在于，对一个社会的成功起决定作用的是文化，而不是政治。开明地说，真理的中心在于，政治可以改变文化，使文化免于沉沦。"这些语言也可能有它们的局限性与某种非唯物性，但至少可以让我们看到那些发达的资本主义国家在想什么，至少与马克思主义经典作家们，关于意识形态并不总是消极被动地接受它的经济基础的论断并不相悖。

中国显然具有世界上最悠久的民族文化，同时显然也拥有世界上最强大的政治优势。新中国包括它直接进入社会主义的经济形态，以及其后的一次次经济变革，哪一次不是靠政治力量在强力推动呢？它当然同样拥有让我们几千年的民族文化"免于沉沦"的能力。有学人认为我们的民族文化早就被以往一次次的历史性灾难割裂了，这个看法显然都是毫无道理的。但我们当下却确实面临着"两个传统"失传失统的危险。中国的传统文化与优秀的民族美德，在当代国民中还有多少传承？老一代中国共产党人用生命与鲜血铸就的光荣革命传统，在党内还有多少"光大"？我们现在全民族的"核心文化"到底在何处？"社会主义核心价值观"的提出不仅符合世界潮流，也是使我们优秀的民族文化得以传承而不发生历史断裂的根本保证。富和强永远都不是一个民族的标志，哪个国家不可以富，不可以强？但能代表中国"这一个"本来面目，具有自己民族特色的，唯有中华民族的文化，能代表中国人形象的只有中国独具的道德人格。什么是人格？人格就是原始戏剧中不同角色的本来面目。

综上所述，我们是不是可以这样认为，社会主义核心价值观应内含如下的成分：中华民族传统文化中的优秀传统美德；中国人民近现代反帝反侵略反封建的爱国主义、斗争精神与中国共产党领导下形成的几十年光荣革命传统；中国化了的马克思主义有中国特色社会主义的共同理想；与"中国梦"远大目标相适应的时代精神。由这些内涵构成的社会主义核心价值观，用它来干什么呢？用习近平总书记的话来说就是"化人""育人"，把它再具体化一下，无非是打造能体现中华民族特色，代表中国形象的国格、人格。在思想道德层面上，一个国家的民族精神也只有在人的身上才能体现，所以我们依据社会主义核心价值观的基本要求，针对当代青少年的实际情况，策划了《中国人格读库》这样一套大型系列选题。

本套书承蒙全国少工委、中华文化促进会、团中央中国青年网三家共同主办推广，并积极提供书稿。难得高占祥老前辈热情出任该套书的编委主任，且高占祥同志不辞屈就加盟主创作者队伍。一些大学、中学教师与青年作者也积极加盟此套书的编写。该选题被国家新闻广电出版总局列为2014年全国社会主义核心价值观重点选题，在此一并鸣谢。

希望本套书的出版能为社会主义核心价值观的培育与弘扬，为促进青少年的道德人格养成起到积极的作用。欢迎广大读者与作家对不足之处批评教正，多提宝贵建议与指导意见。

谨以此代出版前言并序。

二〇一四年十月

于北京时代华文书局

家有直道，人多全节

颜之推的一生与《颜氏家训》之渊源

颜之推，孔门复圣颜回的后裔。南北朝时代公元500年间的人物，表字为"介"。祖籍为山东琅邪郡临沂县。

西晋灭亡后，他的九世祖颜含因为在朝为官，便举家随晋元帝南翔，这便是他在《观我生赋》中所说的："吾王所以东运，我祖于是南迁。"颜含在东晋官至侍中、右光禄、西平侯。侍中是一个很高的官职，相当于宰相，右光禄是大夫之职，西平侯是封爵。父亲颜勰是南朝梁武帝之子湘东王萧绎王府的咨议参军。颜氏一家历代都攻读《尚书》《左传》之学，既为书香门第，又为官僚世家。因而，颜之推开蒙甚早，受过良好的家风教养与儒学的启蒙，而且人很聪明多智慧。

到了12岁那年，湘东王萧绎自己开馆主讲老庄之学，颜之推便成为他的学生。但他并不喜欢老庄之学，直到晚年，仍认为老庄的著述无非以无为而保身，所以老子"藏名柱史，终蹈流沙"——用一个掌管图书的柱下史的职务来隐其身名，而终西出关而隐没于沙漠；庄子也是"匿迹漆园，卒辞楚相"——以漆国镇一个不入品级的小吏来隐形迹，拒绝楚国的宰相之约聘，以江湖隐士自居渔钓授徒为业。并认为二者都是"任纵之徒耳"——放任自己崇尚虚无之流。

他还抨击历代弄玄学为生为业之徒。自汉魏何晏、王弼以降，山涛、夏侯玄、荀粲、王衍、嵇康、郭象、阮籍、谢鲲等著名的魏晋道学人物，都一个个地被他称之为竞相空谈弄玄，而弃周公之业、孔子之学于度外，又不能从老庄之学而保身名，徒以黄老之术故弄玄虚，来假装粉饰自己嘲讽他人时政以邀虚名之徒。所以他们不是"触死权之网",便以"才望被诛";不是"陷好胜之阱",便以贪贿积财"取讥""黜削";不是以"排俗取祸",便是以"倾动专势"、"沉酒荒迷"而有违老庄本学,都不是"济世成俗"之人。至于那些"桎梏尘滓之中,颠仆名利之下"的庸俗小道学家们,便更不足挂齿了——"岂可备言乎?"

他还认为:到了梁朝时代,世人则把老、庄、周易之学总称为"三玄"(于今仍称那些讲话不牢靠不实在的人言称之为"三玄",概源于此。)蔚为时尚。梁武帝萧衍、简文帝萧纲都为之沉溺,甚至派人深入村镇宣讲以道教治国之理,"学徒千余,实为盛美";到了湘东王萧绎成为梁元帝时,也招收门徒亲授道学,甚至到了"废寝忘食,以夜继日"的程度。以至于荒政误国,直到叛乱发生才罢讲。颜之推也曾亲自去听讲,但仍然是对此"性既顽鲁,亦所不好"。以上都是颜推之的表述,足见他对老庄之行迹、道家之学说的排斥程度。所以,他虽然很早便接触老庄之学,但却终生不喜欢,反而去研究儒家的学说，专心致力于习《礼》读《传》去了。尽管其一生所学虽然很庞杂，但仍不离儒学之宗。这固然与他的家学渊流有关系，他的远祖便是流传有绪可觅的儒家复圣——颜回。

颜之推虽然少年得志于南朝萧梁，一生却处于变乱颠沛之中，先后经历三次亡国之变，五次遭际生死劫难，而仍能得以全身善终家族繁盛，这在中原南渡的名门望族中是很少见的，所以后人将其归结为这个家族优良家风的世代相传。这似乎并不牵强，有道是"家有直道，人多全节"。颜氏家族于历代都不乏学名显赫、忠义节烈之人，而无奸小犯科之徒，这不能不说与一个家族重名节、尚忠正、崇勤俭、贵才学的家风有关。

颜之推的青少年时代，是随其父在南朝梁国长大的。他出生于梁武帝萧衍时代的公元531年，大约去世于隋朝文帝杨坚时代初中期的公元590年前后。

青年时代的颜之推，由于"博览群书，无不该洽，词情典丽，甚为西府所称。"西府是指梁武帝第七子时为湘东王兼镇西大将军萧绎的将军府。此时萧设在江陵镇守荆州。萧绎十分看重他的才学人品，便任命他为左常侍兼将军府的墨曹参军。

"墨曹"就是今日的"秘书处"；参军是掌管文书的部门负责人。这是梁武帝太清三年公元549年的事，此时他才19岁，便来到了江陵的将军府中。可谓少年得志。但此时的梁武帝开国执政已经30余年，萧梁已由繁盛时代走向衰微，早在太清元年（公元547年）八月，便已发生了著名的"侯景之乱"，而在他入幕镇西将军府这一年，还是侯景叛军攻入梁国首都南京，把86岁梁武帝囚饿而死的一年。

"侯景之乱"是他一生中所经历的第一次大变乱，他哪里见过如此局面？连在人们心目中那么高大可望不可及的梁武帝，都在一夜之间成为了阶下囚，不久又被害死；而朝中往日道貌岸然的衮衮公卿，却是那么无耻地去逢迎降顺了那个从西魏投降过来的乱臣贼子，而武将又是那么无能，竟然挡不住一个侯景，所以，他心中十分感伤。他在那首赋中叹道：

养傅翼之飞兽，子贪心之野狼。

初召祸于绝域，重发衅于萧墙。

虽万里而作限，聊一苇而可航。

指金阙以长铩，向王路而蹶张。

勤王逾于十万，曾不解其搤吭。

嗟将相之骨鲠，皆屈体于犬羊。

武皇忽以厌世，白日黯而无光。

既纮国而五十，何克终之弗康？

　　显然，这次国难，在青年颜之推的心中留下了很大的创伤，以至他在仅存的家训与此赋中，都谈到了此事，尤对那些变节之臣大张挞伐。

　　侯景拥叛军攻入南京后，自任总统中外军事的大都督、大丞相。害死武帝后，便拥立了萧衍的第三子萧纲萧世缵为简文帝。因为昭明太子萧统病逝后，萧纲便被立为太子。简文帝即位后，就从南京派密使赴江陵，密诏任命他的七弟萧绎为侍中（宰相），假黄钺（持当代天子之命）都督中外军事，于荆州总督九州军事，统天下兵马消灭侯景叛军。但在萧绎征兵时，因不派军队应征而同为宗室的河东王湘州刺史萧誉却先受到征讨；他的哥哥岳阳王雍州刺史萧詧为救弟则举兵来攻打江陵。萧绎一面守城打退了雍州兵，一面令部将著名的左卫将军王僧辩去攻打湘州的萧誉。这是萧绎的一大失误。大敌当前又怎可以自家人祸斗萧墙之内呢？不但史家对此非议，而颜之推也为此而悲叹："子即损而侄攻，昆亦围而叔袭。"而颜之推正在此时，来到了萧绎设在江陵的将军府，入幕参赞军务文书，这便是他自赋所称："方幕府之事殷，谬见择于人群。未成冠而登仕，才解履以从军。"

不久，萧绎派自己的长子萧方诸去镇守军事重镇郢州（武汉），就让颜之推也随军去武汉做书记官。第二年，侯景便派部将任约等人率军袭破武昌，活捉了刺史萧方诸。军中文武臣佐多降于叛军，而小小的书记官颜之推却宁死不降。叛军几次都想杀掉他了事，但却为一位叫王则的郎中，后为滕公的人惜其青年才俊而力救得免。叛军便把他押送到京师南京囚禁起来。这一年他已21岁，是公元550年的事。直到一年后，萧绎、王僧辩等平灭了侯景的叛乱收复南京，他才被释放又回到了江陵的萧绎帐下。这是他的第一次"大难不死"，多年后他还感谢王则称："赖滕公之我保"，"荷性命之重赐，衔若人以终老"而终生不忘。回江陵后便被萧绎升任为散骑侍郎，以其忠心正直而引为近臣。

到了平灭侯景时，因为简文帝也已被侯景以进寿酒为名把他用土袋子压死，所以萧绎便被拥立为梁元帝。但他却是在江陵城即的位，而没去伤心之地王气已尽的南京旧都。即位后便派王僧辩、陈霸先、萧循等众将讨平叛军余部，平定四方，但却不行仁政，骨肉无亲，溺于老庄。于第三年末，南京城又被西魏来犯的大军，与叛王萧詧合兵攻破。梁元帝萧绎率众出降，被押到了萧詧的大营，不知是何滋味，如何面对其侄。而后又押往金城，君臣还有心思诗赋唱和悲伤，不久，便被杀害。而颜之推则以俘虏身份被押往此时已由周而代魏的京师长安城中。目睹了破城亡主的悲惨；再加之被押解长安一路上满目凄凉景象与被掳掠驱赶的百姓惨状，其心中的感伤不亚于侯景之乱武帝身亡。后来他在回忆这一段往事时写道：

惊北风之复起，惨南歌之不畅。

守金城之汤池，转绛宫之玉帐。

徒有道而师直，翻无名之不抗。

民百万而囚虏，书千两而烟炀。

溥天之下，斯文尽丧。

怜婴孺之何辜，矜老疾之无状。

夺诸怀而弃草，踣于途而受掠。

被掠到长安的大梁名臣有十数人，都很受周武帝的器重礼遇，都被委以重任，而颜之推则为周朝的大将军李穆爱其贤才，便推荐他去河南弘农郡，给他的家兄阳平公李远做书记官，因此以免难。这是他第二次的大难不死。

那么，前面说到的萧詧到底何许人也？怎么就与梁元帝这么大的仇恨呢？其实，萧詧萧誉、二兄弟都是元帝的两个亲侄子，是昭明太子萧统的亲子。萧统去世后，按规矩应由萧詧继立为太孙皇储，而梁武帝则立了他们的七叔萧绎为太子。所以二子心存不平，而萧绎这位七叔也心存芥蒂。所以才反目成仇。萧詧会同魏兵灭了元帝，又附周自立为梁王，独立了30余年。子孙繁盛一时而至隋唐。

颜之推在河南虽以青年才俊大受礼遇，但心中无时不思念故国。两年后便寻机由黄河水路出逃邻近的北齐，想再由北齐南下回归故国。船只等一切都准备就绪，却适逢黄河发大水，船只无法航运，但颜之推义无反顾携家启航，而且是在夜间好不容易渡过了天险砥柱，平安逃到了北齐。后来他专有一诗《从周入齐夜度砥柱》以纪此事。诗中有句为"侠客重艰辛，夜出小平津"、"问我将何去？北海就孙宾"，足见其此时一腔豪侠之气，敢于黄河涨水期而夜渡砥柱，实为置生死于度外了，是以"时人称其勇决"。这是他的第三次大难不死。这也就是他在赋中所言的"就敌俘于旧壤，陷戎俗于来旋"。

不幸的是当他历尽千辛万苦千难万险地"来旋"到了北齐，本想假道回归故国，但却听说南梁已被专政于朝的宰相陈王陈霸先一切如曹操父子故事，又害死了元帝萧绎的第九子16岁的敬帝萧方智自立为陈帝，梁朝已经烟消火灭亡国了。而敬帝即位也才两年多便发生了这么大的变化，这是颜之推始料不及的。这也是他所经历的第一次亡国之痛。所以，在多年后回忆这段往事时，仍心绪难平。他在赋中写下了在北齐哀悼故国的心情：

慨《黍离》于清庙，怆《麦秀》于空墟。

鼛鼓卧而不考，景钟毁而莫悬。

野萧条以横骨，邑阒寂而无烟。

畴百家之或在，覆五宗而剪焉。

独昭君之哀奏，唯翁主之悲弦。

经长平以掩抑，展白下以流连。

深燕雀之余思，感桑梓之遗虔。

得此心于尼甫，信兹言乎仲宣。

在这段赋词中，他几乎引用了自殷商亡国，箕子归国过故都悲吟《麦秀》以来，一直到东汉末年王粲感伤"出门无所见，白骨蔽平原"之间的诸多历史典故，来表述自己的亡国之悲情。显然这是他一生中最为感伤的一段时间。因为这是他的故国，所以情深而常吟"小臣耻其独死，实有愧于胡颜"，自惭于不能以死殉国而苟活于异国他乡面对胡人；又"嗟飞蓬之日永，恨流梗之无还"，悲叹已身故国难回永为转蓬流梗而飘泊无依。尤其让他更难忍受的是在北方与胡人语言不通，风俗大异："接耳目而不通，咏图书而可想。"直有似远离故国的古人百里奚、苏武的"井伯饮牛于秦中，子卿牧羊于海上。"但故国已亡，梁化为陈，再伤感也回不到过去了，便只能留居于北齐。而且他在这里一留便是二十余年的时光，也是他一生最为稳定的时期。

颜之推来到北齐的京师晋阳后，深受北齐文宣帝高洋的喜爱。并把他引为近侍，且十分得宠，不久又想升他为中书舍人。但在派中书令去送达任命书时，他却在营外饮酒。中书令段孝信也不是什么好人，十分忌其文才，便乘机告他一状，所以这次任命便被取消了。颜之推一生中最大的不足，便是多饮酒，而且不修边幅，很受人非议。

由于颜之推"聪颖机悟，博识有才辩，工尺牍，应对闲明"，而终于受到后来主持朝政的大臣祖珽的赏识而受重用，任命为中书舍人，宫中所有文书诏命的起草、加工、颁布都必由帝亲命由他一手承办，"馆中皆复进止"，而"帝甚加恩接，顾遇愈厚，为勋要者所嫉，常欲害之"，但都为其立身严正、奉主慎微、谦以待人，在文宣帝与祖珽那里十分有信誉，而一次次化解了危机。这是他第三次得以大难不死。

这个北齐开国皇帝高洋执政十年内尚好，东征西讨，国土扩张到南拥江淮，东至海滨北至大漠，便为所欲为，荒淫残暴无耻到了无以复加的程度，杀人如麻、其手段更是残忍无比。后来朝中的元老大臣崔季舒等人，谋划众臣联名上书谏帝。

正要找他签名时，却发现他已经回家了，原来他早就预见到这些人一定要在此时来找他连署，所以便提前以急事为名告假出朝了。所以齐帝览谏表见那么多大臣联合署名便大怒，把所有署名人都传入朝中一并处死，而颜之推也被传召在内。后按其申辩核对原件，确无他的署名，才又逃此一劫。这是他的第四次大难不死。后来到了齐世祖武成帝年间，又被提拔重用为黄门侍郎，相当于国家办公厅的副主任，这是他一生的最高级别了，所以，后人都以"颜黄门"称之，而子孙后代亦已"黄门祖"敬讳之。

颜之推一生中最稳定的生活，就是在北齐这二十余年。观北齐各帝无一贤君明主，而其得以全身，各代为用，除了其才学品行外，他的智慧也很重要。后来北齐又为周武帝所灭，而颜之推在齐二十年，又是从周地逃到齐帝身边重臣，自无生路可寻。而且齐王东逃山东时，又令他扼守平原郡，守河津以抗周兵，自当被问斩。但周帝久闻其高才贤名，又知其不是奸佞之臣，所以才得以第五次大难不死。这是他第二次经历的亡国之难。

入周朝后，被任命为御史上士，就是御史上大夫。周隋旧制大夫分为上士、中士、下士三个等级。颜之推入周朝又经历了周宣帝、周静帝两朝后，周又被隋文帝杨坚以宰相外戚身份以禅让方式逼年少的周静帝退位，颜之推又经历了第三次亡国之变，成为了隋朝的臣子。后来又被太子杨勇所看重，"召为学士，甚见礼重。"而且与薛道衡等一班文人十分相与。不久便病死任上，享年六十余岁。可以想见，生于那样的动乱时代，又有如此丰富的人生经历，无论对于政治人生，自有不凡的见解。这也许正是《颜氏家训》与其他空洞谈礼论道释德教人的家训大不同处。

颜之推一生始终以文人的面目出现，称得上是那个时代多才多艺的宿儒。是以时人无不服其学术渊博精深者，而后人则称其"学优才赡，山高海深。常雌黄朝廷，品藻人物"。而且工于尺牍，书法又好，所以虽历三朝兴亡，而代代思用其才学，所以，他在《家训》中为我们留下了"家有藏书数百卷，千年不为小人"之语。他专攻儒学而不弃道学与佛学，因为儒学是经世致用之官学、正学。而且尤精于音义训诂，为世之学术大成者。史书所载其著述书目不下十余种，约有80余卷，但流传下来的很少。人们今日所见能独立成书的似只有这部家训了，还有诗文三数篇什可见。

那么，这部家训为什么称《颜氏家训》，而不称《颜之推家训》呢？因为此书亦有其家学之渊、家风之源可溯。颜氏本山东临沂县人氏，而祖上则是孔子的大弟子复圣颜回。这个大家族自春秋鲁国而至于明清之际代代不衰。最有名的人物便是颜回。到东晋则有颜之推上溯九世祖颜含为西晋百家望族名门之一；南渡后仍为"侨门高姓"，而颜含贵为侍中西平侯，足见一时之盛。

二百多年后又有颜之推祖、父、子三代之盛，其父为南梁湘东王镇西将军府参军、学者；颜之推为梁帝近臣、齐朝黄门侍郎、大学者、周隋大夫；其子颜思鲁官居东宫学士、学者；颜愍楚官居值内史；颜游秦为校秘阁官吏。其后到了唐朝又传至虢州刺史颜勤礼，弘文馆学士颜师古；又传至大唐太子少保颜唯真而生鲁国公颜真卿、常山太守颜杲卿，兄弟子侄十余人为一时名臣名士。子侄先后封为大唐男爵者八人，再者后又有颜真卿五世孙兄弟二人同为令守，"颜氏于斯为盛，谓非《家训》所自，不可也。"又有序者称：自孔门弟子通六艺者，有颜氏八人，而其子孙代代贤盛，一是有家语世代相传，"不然，何其家之同心慕谊如此邪？嗣后渊源所渐，代有名德，是知《家训》虽成于公，而颜氏之有训，则非自公始也。"

由此可见此训乃自颜回起，世代家风流传之集大成者，是以方称《颜氏家训》，唐宋以降世代传刻，至清初盛世被收入《四库全书》，至此而不泯于世，成为国人治家教子之启蒙教科书。

本次选编，通览全书，方知此训之所以能千年不泯，自有其因。全书七卷二十篇，除有关文学、艺术、学术之论外，多以儒学大义为纲而不落其窠臼；多言治家之实务，而绝少诸子论理与三玄空谈；虽非字字珠玑、言之有理、句句可循，但颜氏居于那个时代，既不泥古拘礼而又无离经叛道狂悖之言，足称难能可贵。诚如后代刻家、序者所论："虽非子史同波，抑是王言盖代。""此书虽辞质义直，……其归要不悖《六经》，而旁贯百氏。……自当启悟来世，不但可以训思鲁、愍楚辈而已。"又有序称之："北齐颜黄门《家训》，质而明，详而要，平而不泥。盖《序致》至终篇，罔不折衷今古，会理道焉，足可范矣。"这次只节选了他有关君子之家风的部分出版，但愿这个节选本的出版，能够为弘扬中华民族的优良家风、君子之道有所贡献。

周殿富

公元2014年8月3日夜2:30分于北京寓所灯下撰

目录

一、"君子远其子"而必教之于少小

父子之严，不可以狎（音霞）；骨肉之爱，不可以简。简则慈孝不接，狎则怠慢生焉。

或问曰："陈亢喜闻君子之远其子，何谓也？"对曰："有是也。盖君子之不教其子也。"

孔子云："少成若天性，习惯如自然。"是也。俗谚曰："教妇初来，教儿婴孩。"诚哉斯语！

——《颜氏家训·卷一 教子第二》

【直解】

狎：过于亲昵而不庄重。

简：怠慢，不讲礼节，无尊无敬。

陈亢：即子禽，孔子学生。

君子：此处指孔子。

远其子：此远非疏，而是讲父待子不可亲密无间，要有点距离，以利于教。

不教其子：非不教育其子，而是不宜亲为子师，因为《诗》《书》《礼》《春秋》《易》中，都有不宜由父亲直接向亲子讲授之处。

少成若天性：少年时代接受的东西，终生不忘，内化最强，有如天生的本能良知。

教妇初来：旧社会陋习，新媳妇刚入门要严加"管教"，以免养成坏习惯，以后不好改。

教儿婴孩：亲子教育要从婴儿开始。颜之推引《礼记》圣王胎教之法称："怀子三月，出居别宫。目不斜视，耳不妄听。音声滋味，以礼节之。""生子孩提，师保固明。孝仁礼义，导习之矣。凡庶纵不能尔，当及婴稚识人颜色知人喜怒便加教诲。使为则为，使止则止。"

本处三段，都引自于《颜氏家训》教子篇。

第一段讲：亲子教育，当以父严母慈为要。父待子要有威严，不能过分亲昵，否则便会从小养成不敬之心；骨肉之间的亲情，也应讲究礼节，不可以简慢，简慢了就无以谈慈爱孝敬。

第二段讲孔子的学生子禽，从孔子的儿子伯鱼那里，知道了孔子并没直接向他亲授学业，便十分高兴。那么孔子为什么不亲授其子呢？因为《五经》各书中都有一些父子不可以直接沟通讲授的内容。讲吧？有失于礼；不讲呢，又有失于教。所以民间有谚："孩子是要由别人教的；毛病是要由自己挑的"。

第三段是颜之推引述孔子与民间谚语的话来强调亲子教育要从小开始。因为从小养成良好的习惯如同天生自然，影响孩子的一生。如果不早教，等到养成坏习惯再去管教，那就会"捶挞至死而无威，忿怒日隆而增怨，逮于成长，终为败德"，就是说等孩子长大了，你才想起管来，你就是打死他，也改不了已养成的毛病，而且他也不怕你了；尽管你不断地发脾气怒斥也没有用，只能徒增恨怨。

早教于先，而无须"管"继其后

颜之推曾讲道："吾见世间，无教而有爱，每不能然；饮食运为，恣其所欲，宜诫反奖，应呵反笑。至（其）有识知，谓法当尔。"就是说，你对子女在少儿时期惯下的毛病，长大了他就会认为本该如此。所以颜之推又讲道：一般人家做不到分床胎教，没有雇用师傅、保姆的条件，那么至少在小孩子开始知道大人脸色时，就该开始教育——"当及婴稚，识人颜色，知人喜怒，须加教诲。使为则为，使止则止。比及数岁，可省笞罚。父母威严而有慈，则子女畏慎而生孝矣。"意思是从小教育好了，让他听话，那么等他大了，就用不着"棍棒底下出孝子"了，用不着你去斥骂、体罚、鞭打了。这就能做到父母既有威严又不失慈爱，子女有敬畏之心而不敢大胆妄为，而自成孝子。这就是所谓的"好孩子不用管，管死不成人"。因为有"教"在先，便自然无须"管"继其后了。而想"无教而有爱"，想成人那是不可能的。也就是说：孩子你不严之以管，不加以棍棒，也可以成人；但你想不通过从小就加以"教"，而只是一味地溺爱，那是绝对不行的。

七岁所诵，终生不忘；二十所学，一日而废

为什么要对孩子早教呢？这就和园艺造型一样，在花木枝干还没有木质化之前，你给它造个什么型就是什么型，随你的创意所愿。而一旦定型，你想让他变都不可能。如果等到枝干木质化后，你才想起来给它"造型"，那就是在害它，一定是事倍功半而徒令干折枝断伤痕累累。树木尚可，而人子如何受得起此般摧残揉伤？这就是"棍棒底下"也不再"出孝子"，甚至更加叛逆、变本加厉的原因所在。

颜之推还讲道："我在七岁时所背诵过的诗赋，只要十年左右再复读一下，便可数十年不忘；而在二十岁以后所背诵的东西，有一天不复述，便荒芜忘记了。"所以他又说："人生小幼，精神专利。长成以后，思虑散逸，固须早教，勿失机也。"为人父母者教子之学不可失机，同学少年亦当秉烛夜读，学之以早，不求学富五车、才高八斗，也总该努力勤学，以免大庭广众之下而受终生之辱、职场生计之间，"书到用时方恨少"而悔之晚矣。

"零距离"：性滥之论而非君子之道

有道是"仆人眼中无英雄"，不唯教子，人际也如此。东西方名家伟人都认为上下级、人际一定要保持适当的距离。而科学家则认为鸟类不管怎样密集群聚，但最起码的距离是两翅之间，不影响起飞；群居的两个塘鹅窝巢间的距离，保持在两鹅脖子总长度以上，免得互相撕啄。千万别再讲"零距离"，那是流氓、妓女的语言。

亲子之间也是同样，太亲近了必有失尊重，一失尊重便有无理苛求及至反目成仇之虞，这是定论。不但孔子、孟子、颜之推都主张"君子远其子"，"君子不教其子"；老百姓也讲"孩子是要由别人教的"，所以世有学堂院校。而且现当代心理学至少也不赞成人际过于亲密的情溺爱滥。颜之推已论"君子远其子"之道，而孟子的"不教其子说"也许另有一番道理。

孟子为什么说父子之间不责以善，古人"易子而教"

孟子在回答他的学生所问为什么君子不亲教其子时讲道："势不行也。教者必以正，以正不行，继之以怒。继之以怒，则反夷矣。'夫子教我以正，夫子未出于正也'，则是父子相夷也。父子相夷，则恶矣。古者易子而教之。父子之间，不责善。责善则离，离则不祥莫大焉。"又讲道："责善，朋友之道也。父子责善，贼（害）恩之大者。"

孟子这些话的大意是：君子之所以不亲教其子，是于情势不可行：君子教子必以正道，一旦他不接受正道时，你必然会发怒；你一怒，他必然逆反。他会说你教我以正道，那么发怒是正道吗？如此则父子反目。所以古人都是互教其子，而不亲教其子。父子之间是不能以善与不善相责的，否则就要离心离德，这样一来就很不祥和了。以善相责，则是待友之道，而父子以善相责就太伤感情了。因为父子之间是以亲情相系的，而不是以善与不善相维系的。孟子的这些话，至少对于处理父子之间的关系，是很有理性启示的。但父子还是应该情理并重的好，只偏重一方面，都是不利孩子成长的。

二、君子重人伦三亲，
   兄弟如形影声响相随

　　夫有人民而后有夫妇，有夫妇而后有父子，有父子而后有兄弟；一家之亲，此三而已矣。自兹以往，至于九族，皆本于三亲焉，故于人伦为重者也，不可不笃。

　　兄弟相顾，当如形之与影，声之与响；爱先人之遗体，惜己身之分气，非兄弟何念哉？兄弟之际，异于他人，望深则易怨，地亲则易弭。

——《颜子家训·卷一 兄弟第三》

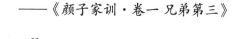

【直解】

三亲：父母、夫妻、兄弟。俗言所谓"三亲六故"、"六亲不认"的六故、六亲皆指此三伦六方。

九族：有两说：一指父祖子孙九代；一指父族四代，母族三代，妻族二代。中国自上古时代，就讲究三亲、六顾、九族，《尧典》中就有九族亲睦而协和万邦之说。

笃：忠实、真诚。

形影声响：形影相随，声与响相应。影为形之投射，响为声之传扬，是以有"影响"之词。

先人之遗体：先人，指父母；遗体，指父母留下的亲骨肉，亲兄弟。

分气：分，指兄弟"分形"；气，指兄弟"连气"。分气，指自己从父母那里分得的骨肉之躯。

何念：还有什么比这种亲情值得怜爱挂念的呢？

望深：所期望的过高。

地亲：兄弟为一母所生，如地一体相连之亲。

易弭：弭，平息消除；易弭：指兄弟间即使产生了怨望、隔阂、纷争，也很容易消除。而且自古有兄弟阋于墙，而御侮于外；上阵亲兄弟，打仗父子兵之说，言兄弟之情。

千万别提拔那些"六亲不认"之徒

家庭是社会的细胞，也是社会的最基本构成单位，所以有"国家"、"家国河山"之称。什么是家？无非是"三亲"的自然组合。人这一生最亲近的人，与最基本的责任圈儿，无非这三重：父母、夫妻、兄弟（儿女）有道是血浓于水，而何况骨肉相连？一个人如果与"三亲"都不亲不爱不敬，那你还指望他能爱国、忠君、友好他人吗？一个人如果对自己的骨肉血脉之亲都不负责任，你还能指望他对工作、事业、他人负责吗？反之，如果连自己的亲人都不当回事，别人还会拿你当回事吗？只会把你当成一种谈资、笑柄，当成讥嘲的对象，这不是很悲哀吗？

为官者千万别提拔这种人，多是你的"汉奸"、"叛徒"；同事者千万别以此种人为友，他肯定会拿你填沟垫脚铺路，慎之、远之为上。

小人以"大公无私"沽名钓誉为
自私提纲张目的丑陋嘴脸

大公无私，本是世间最高境界，但有违人性。趋利避害者人之本能，生于斯世者何人无私？设词造句者总以推至太处极处方觉自见水平，所以世间谬词多于谬行。而令人所恶之谬行，亦常因谬词所误。

无论居官、做人，若能做到公私分明不以私害公、害人、害物，便是至人，而谁能做到无私？自然没必要去为私字张目，但"大义灭亲"、"大公无私"一类的语言，往往是在为那些极其自私，只顾一己之私者而提纲张目。翻开一部"二十四史"那些只为保一己之官、一己之命者，而以种种无耻的方式来与亲友"划清界限"的丑陋嘴脸，纸纸皆是足可令人作呕。

读《旧唐书》，见武则天之朝的人情淡薄，人伦颠倒，则更令人发指。一位大吏之子犯朝规，按审后被武则天发配其归家，责由其父管教。而此子一入家门，其父竟使其弟当胸一剑刺死而抛尸家门之外，以示"大义灭亲"；一位正直朝官被酷吏诬告下狱，同在朝为官的小舅子怕受株连，竟然跑到武则天面前要求把他的姐夫处死，而且为表忠心，竟要撞头而死。伤口包扎后天天上朝时，一定要在纱帽下露出一圈儿裹伤布，来表示他多么"大义凛然"。

读《隋书》见杨玄感兵败后与其弟逃亡山中，命令其弟将他杀死。其弟被捕后竟然以他"大义灭亲"杀兄为词以求宽免。而这些"大公无私"、"大义灭亲"者，恰恰无一不是天底下最自私的人，是些只为自己一人，而不管"三亲六故"死活的人，而更遑论他人？此种人与那些任人唯亲、一人得道鸡犬升天、以权谋私的人虽然都同样无耻，但却更无人性。而前者至少还有人味在，不仅拉亲帮顾，且鸡犬不弃。可悲的是此种人一旦失势且必然失势，那就树倒无以散而成覆巢之下了。

三、君子丧妻不为子娶继母的史鉴

吉甫，贤父也。伯奇，孝子也。以贤父御孝子，合得终于天性，而后妻间之，伯奇遂放。曾参妇死，谓其子曰："吾不及吉甫，汝不及伯奇。"王骏丧妻，亦谓人曰："我不及曾参，子不如华、元。"并终身不娶。此等足以为诫。其后假继惨虐孤遗，离间骨肉，伤心断肠者何可胜数。慎之哉！慎之哉！

——《颜氏家训·卷一 后娶第四》

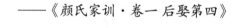

【直解】

"吉甫"事：吉甫，周宣王时代大臣。因其官居洛阳尹，所以多称尹吉甫，其子伯奇，为前妻所生。本来子孝父贤，父子情深。但由于继母的离间，并用计陷害伯奇，诬说伯奇调戏她。尹吉甫不信，继母便让他在楼阁上观看，她则让伯奇陪她去花园散步，而事先在鬓间藏了一只死蜂虫。伯奇见了就伸手为她取下。而尹吉甫却以为儿子真的在戏继母，便把伯奇赶走。伯奇流浪在江边，居于草棚中。秋天到了，天很冷，也很悲伤，就在江边弹了一曲《履霜操》，这支悲伤的琴操传到了尹吉甫处，才知事之真相，就把后妻射死，把儿子迎了回来。

"曾参妇死"事：曾子是个大孝子，尽管他的继母对他十分苛刻，仍力尽人子之孝，为继母养老送终。不幸的是，自己的妻子也早逝。人劝其继娶妻室，他便对儿子曾华、曾元说："我不如尹吉甫那么贤，你们也不如伯奇那么孝。"为了不让儿子再遭他所受过的罪，便终身不再继娶。

"王骏丧妻"事：王骏，西汉成帝年间的大臣。其妻亡，也对其子说："我不如曾子之贤，你也不如曾华曾元那么孝。"也终身不再续娶。

假继：代称继母。

孤遗：前妻之子。

颜氏认为："后夫多宠前夫之孤，后妻必虐前妻之子"，"自古奸臣佞妾，以一言陷人者众矣！"为什么呢？情势使然。因为失母之子胆怯，不敢与继母之子争夺家产、衣食，而继母之子则受双亲宠爱，为父者又多受继妇之谗而必虐前子而宠后子。由此又必导致"父母被怨"、"兄弟为仇"，"家有此者，皆门户之祸也"。这似乎是一种普遍现象，所以像曾子、王骏这样的贤父、君子终身不娶继室，为使亲子免受继母之害。其实未必尽然。继母也有慈爱者，但很少；而继子之中亦不乏孝者。

【绝非说教】

不以继母之虐而不尽孝的"四大君子"

继母虽非生母，但毕竟为父之妻，是父之侍者，家之主内之副者，自有不易之处。所以君子自当不以此与父母为难为怨，也不应为此不尽君子之孝，人子之义务。宁可受屈忍辱，也容母之虐为父分忧，以全家为要。古之最优秀的继子之孝，当数大舜、曾子、闵子骞与东汉薛孟常。堪称"四大君子"。

尧、舜、禹三王之中，舜独以大孝闻名于天下。虽然生父、继母、继弟三人合力凌虐、陷害舜，一而再，再而三，但舜都能容忍。不但不无怨，反而倚未号天，只怨自己做得不好，而不能得父与继母欢心。终至孝感天下，上达天听，让尧知道了他的贤德，便让他来执掌天下。舜称帝后，对父母力尽人子之孝，对继弟象，也同样以亲弟为念，封他到外地作官，但随时可以回朝团聚共述兄弟友情。

大舜死后，他的弟弟象专门赶到苍梧去祭哥哥，也死在那里。而传说之言，则说他变为大象南寻，为哥哥守墓到死，也超感人的。至少说明曾蓄意谋害他，想夺取两个嫂子的继弟，也为其感化。

另一位便是大圣人曾子。"母子连心"的典故，就是从曾子那里来。曾子去山里打柴，母亲一个人在家中，有客人来，便想让曾子回家来陪客人。但没有办法通知曾子，急得曾母直咬手指，不久曾子便从山里匆匆赶回，忙问家中有什么事？原来其母啮指之时，曾子在山中忽然心痛，便预感到母亲召他回家。《二十四孝》称为"啮指心痛"。从此民间之人以母啮指而子知心痛之意，而称"母子连心"。后来遭遇继母，对他十分刻薄，而曾子毫无怨言，并且直到把继母养老送终，一直都力尽人子之孝。

第三位便是孔子的大弟子闵损闵子骞。早年便丧母。继母入室后又生了两个儿子，因而便开始虐待闵子骞，而且经常向他的父亲讲他的坏话，经常挨打受骂，但他从不申辩，也不言继母之非，更不与二弟为仇为恨。

冬天到了，继母把好棉花都用来给两个亲子做棉衣，而给他的棉衣里絮的都是芦苇花。有一次父母出行，让三子拉车，两个继子满头大汗，而他却冻得浑身直哆嗦，手冻得僵硬都不能挽车。父亲很奇怪，继母却说他是偷懒才这样。气得父亲用鞭子大打出手，把衣服都打破了，但真相也毕露了，从衣里抽出来的全是芦花。父亲这才知道真相，停止了抽打。继母也不得不认错。

父亲见其如此歹毒，又联想起几年来对长子的虐待，都不是长子的过错，不过是此妇的谗虐而已，禁不住一边心中愧悔于子，一边怒从心头起，恶向胆边生，便一纸休书要把她赶回娘家。不管她怎么求恕也不行，吓得两个继子抱在一起直哭。而闵子骞此时却双膝跪在父前为继母求情。父亲却责他不知好歹。而他却说母亲在日，虽然我一个人挨冻，但母亲走了，挨冻的便不再是我一个，而是我们三兄弟都要挨冻了，而文人们编的便是"母在一子寒，母去三子单"，继母由此才被留了下来。从此改过自新，待他如同亲子。

还有东汉安帝年间，汝南有一位叫薛孟常的孝子，其处继母异弟之间也足称大君子。生母在世时以孝闻乡里。生母去世后，继母临门，父亲与继母都开始讨厌他，便让他分家另过。他不肯，便被其父殴打，无奈便在家门外筑一小屋，每天早上都入院洒扫庭除，但又被其父赶走。他便在村子入口处的门楼旁筑屋而居，早晚也仍依礼入室给父母请安问候，且极尽人子之孝。

一年后，父母都为其感动，便让他回家来住。不久，继弟又要分家。他阻止不了，便主动把老年奴仆，荒地旧屋，旧器破物留给自己，而且还说：这些都是我多年所习惯的，舍不得。自己吃亏，还不显示自己大方，真称得君子，有兄长之风。继弟不成器一次次败家，他便一次次帮弟弟重建家业。父母去世了，按礼制当三年服孝，而他为父亲、继母都服孝六年。后来被朝廷闻名，以公车征聘他入朝为官，一直高升到侍中，相当于部级干部，但他不愿为官，后来便以养病为名，辞官回乡。

人啊，真当行君子之道、仁者之风、孝悌之行。当我们面对那些优良的文化传统时，千万别再老批什么封建，肃什么流毒。人的行为进步与落后、正确与错误，并不可全部以时代为划分。新中国以前所存在过的全是错的吗？今日所行的便都是对的吗？

四、君子生女不轻，嫁女不索

太公曰："养女太多，一费也。"陈蕃曰："盗不过五女之门。"女之为累，亦以深矣。然天生蒸民，先人传体，其如之何？世人多不举女，贼行骨肉，岂当如此而望福于天乎？

——《颜氏家训·卷一 治家第五》

【直解】

太公：姜太公，又名吕尚。周武王、周成王两朝的太师，齐国的始祖。

费：家财的一种破费。

陈蕃：东汉清流党人，桓帝时的太尉。灵帝时谋诛宦官事泄被害，享年七十余。

盗不过五女之门：连盗贼都不肯入五女之家而盗劫，因为嫁出五个女儿的人家，早被陪嫁弄穷了。

蒸民：众民。

"先人传体"句：女孩也是父母所生，天生是女，她有什么办法和罪过呢？

多不举女，贼行骨肉：世人多有生女而不养育，且残害亲生骨肉的。

"望福于天"句：做这种伤天害理灭人伦的事，你还指望老天给你降福吗？

颜氏的基本思想是：孩子生下来是男是女，这不是本人的选择，是父母的给定。既然是你的给定，那为什么还要轻视、虐待乃至残害遗弃于自己的亲骨肉呢？这样做，还希望老天降福于你吗？所以他认为君子生女不该轻视，嫁女不该索礼。

【绝非说教】

生女轻虐残害者必无福至

无论父母祖父母凡虐害女孩者，都有失人性，必无好报，即使破除迷信，也终有良知发现之时，因为这不是人当所为。你即使灭绝人性，但那是你的亲骨肉啊？小猫小狗一入家门人皆不忍以为害见弃，何况自己的亲骨肉呢？此风于今，仍在乡村间时有见闻，足见人心开化之难。

而害虐亲女者，多为母与祖母，女人之心何如此毒？而为人父者，稍有良知亦不容此也。

五、君子治家有序，不失宽不废猛

夫风化者，自上而行于下者也，自先而施于后者也。是以父不慈则子不孝，兄不友则弟不恭，夫不义则妇不顺矣。

笞（音吃）怒废于家，则竖子之过立见；刑罚不中，则民无所措手足。治家之宽猛，亦犹国焉。

——《颜氏家训·卷一 治家第五》

【直解】

风化：社会教育。风，风尚，亦有讽教之义；化，转变，亦有教化、感化，通过教育而除恶扬善、化邪为正之义。风化，也常指风俗，如"有伤风化"，便指伤风败俗。

"自上而行于下"句：指家风之教，当自上而率下，由先人而传后人，由尊长而导卑幼。

答怒：鞭打与怒斥，代指体罚。答，用条状器物责打。怒，指呵斥喝骂。

竖子：小子。代指子弟。

不中：不合适，没有一定准则。

颜之推的治家之道认为家风正不正，关键在长者，老者，尊者，尤为人父母者更当为表率。而那种你感化不了的，天生顽劣不堪，我行我素的子、弟、妻、奴，则是"天之凶民，乃刑戮之所摄，非训导之所移也"。意思是家教而不可化者，便付之于法。而且主张实行从严治家，不废罚责。

【绝非说教】

人子之所以为何人，如虎狼之所以为虎狼

治家如治国，教子如化民；上梁不正下梁歪，而非止于父慈子孝、弟爱偶从之间。为人父母尊长者的一言一行对子弟的影响，如墨子之悲染丝，荀子之论蓬麻，都是一生难泯的。是以为人父母者对子女必正之以身，身行以正。

虎狼之所以为虎狼，不唯遗传，犹在虎狼以一扑一啮一亲一吼，而时教日化其幼仔者。为人父母所行，如同播种；而子女变成何等之人，不过是结果而已。世间岂有播蛇鼠之种而收龙虎之获者？

六、君子之家，无迷信左道之议

吾家巫觋（音席）祷请，绝于言议；符书章醮（音叫）亦无祈焉。并汝曹所见也，勿为妖妄之费。

——《颜氏家训·卷一 治家第五》

【直解】

巫觋：巫者为女巫，俗称巫婆；觋者为男，俗称神汉。

祷请：向鬼神道佛祈祷有所请愿。

绝于言议：根本不提此事。

符书：道士驱鬼避邪所画符号咒语之物幅。

章：道术之士巫者把所愿写下来烧化，为"上章"，就是写信给神佛、上天，以烧化为送达。

醮：于半夜举行"上章"祭天的做法仪式。

颜氏家风，不信左道旁门、巫医术士。在巫盅盛行的南北朝时代，实为难能可贵。而其家经历十数代、数十代而不衰亡、不历祸，自与家风之正而有关。

【绝非说教】

病可治而愚不可治

巫医神汉本装神弄鬼以济衣食者，而神佛鬼怪又都是人之心臆而造。苍天在上，而其上无非尽是无边云气，哪有神仙所居？而人何其愚？竟迷信于虚无之处与人类自己手造的土木偶像，而听奉于行邪门歪道而连自身衣食都难保之人。

贫弱无依、告诉无门、无所救助之徒者，产生迷信思想尚有可原之处，高官大吏、文人学子而为此，岂不可笑？

有一乡镇干部听信巫者，被绑投河以求升仙成佛，背临入水方悟而呼救命，人愚至此，而何人能救？贫家以巫术治病又有多少致人死命者？人为何见而不悟，一味执迷？

巫医、神汉、道士、法师、和尚、方丈，有一人不病不死者，也可令天下人信之，但古往今来哪有一个？自身难保者何信于他人？自己的病都不能治者，怎能去人之病？世上诸般伤害苦难皆有救治之途，天下唯愚而执迷不悟者无以救，唯自悟而救。而社会治世"打黄打黑"，何如行救人之"扫邪打巫"？而反令其坐大盛行，真乃不可思议。

七、君子"不忍骂奴"不戏人为畜

　　昔刘文饶不忍骂奴为畜产，今世愚人遂以相戏，或有指名为豚犊者。有识旁观，犹欲掩耳，况当之者乎？

——《颜氏家训·卷二 风操第六》

【直解】

　　刘文饶：东汉刘宽，桓帝年间南阳太守；灵帝年间太尉，以恭温仁恕闻名于世。

　　"不忍骂奴为畜产"句：不忍心斥骂手下仆从役者为畜生之类的话。畜产，畜牲所生。指民间粗鄙者骂人为狗娘养的、狗崽子一类的话。

　　豚犊：猪、牛，或骂人为猪崽、牛犊、犊子等语。

　　"有识旁观"句：有文化的旁观者都不忍闻直想掩耳，何况受骂受戏者呢？

君子风度：下人可责可罚而不闻以骂

汉代的太尉刘宽是个君子，他从不用畜牲或畜牲所养一类的骂人话斥骂奴仆。古人亦以辱骂故人为耻。三国时代的文人袁涣也是个大君子，在刘备处辗转投到吕布门下。吕布与刘备交恶后便让袁涣代他写信骂刘备一通。几次相逼，袁涣都不肯，以致吕布拔剑逼："为之则生，不为则死。"袁涣面不改色只是冷笑地说道："我听说'唯德可以辱人，不闻以骂'。如果刘将军是君子，必不以将军之言为耻；如果他是小人，必将反过来骂你。怎么做，受辱的都是你。我离开了刘将军就骂他，那么有一天离开你时，再骂你，可以吗？"

到了清初，康熙帝也十分重视对仆人尊重的事。他对诸王子曾讲道：手下的仆人如果犯错，可以责备，可以打罚，但不能加之以骂。你一骂人，就可能辱及人之父母，怎么可以忍受呢？而且还教子说：生病的时候，心情焦躁，即使如此，也不可迁怒于奉事自己的仆人。

什么叫君子风度？对下人尊重，不辱人之父母，待人以亲和宽厚便是一种君子风度。刘宽、袁涣、康熙都称得上是有君子风度者。

八、南北方人家迎宾送客礼之不同

南人宾至不迎，相见捧手而不揖，送客下席而已；北人迎送并至门，相见则揖，皆古之道也，吾善其迎揖。

——《颜子家训·卷二 风操第六》

【直解】

　　这段话是颜氏专指吊唁之礼而言。南方人在冬至节和大年初一，是不去办丧事人家赴丧吊唁的，而在节后去慰问；而北方人则重节日之吊唁而不后补的。南方人见宾客来是不出迎的，见面一抱拳而不行礼，送客时，也只是离席欠欠身而已；北方人则是迎送客人都到门外，见面则认互相鞠躬为礼。"吾善其迎揖"，颜氏是赞成北方迎送之礼的。

敬迎礼送为待客基本之道

南北朝时期的南方人待客之礼省俭，北方人热情礼敬，难说此风孰优孰劣。但此风于今而不易：南方人待客相当疏冷淡漠麻木，北方人则太热情也没必要。而颜氏则赞成北风。

待客之道至少要讲人之常情，南方人太冷淡而自以为是，有失礼节而不自知；北方人太热情而有赘余。但待客之道宁可有过于浓，而不可失之于简淡。移形换位、设身处地地去想一想：自己若为客他乡、入于他门，主人如不冷不热，不予理睬，你作何感想？

笔者待客多简淡。曾去河北同事家吊唁，见其兄弟相送相迎，整齐到以鞠躬为礼，真令人肃然起敬为之心动，而知礼之不可轻；亦曾去南方各地受主人之简慢，而主人自以为已待以殊礼，而令人无语；去相邻的另一处为客，则几与受到国宾级礼遇而大受感动于主人之心，方知礼节之当重。所谓礼节二字，礼不可缺，节不可疏，但必适度。太热情、繁琐，即为客人之窘累，不得自由。甚至有以主扰客之嫌。太轻于礼，疏于节，则有简慢之嫌。凡事自当持之有度为上。

周公礼宾天下归心，晋文慢客启反叛之心

颜之推十分重视待客之道，在《风操》篇中举了周公与晋文公不同待客之道所产生的不同后果，用以警诫子弟与世人。

周文王的第三子，周武王的弟弟周公名为姬旦，为开国之功臣，权高位重，一言九鼎，为文、武、成王三朝元老，虽权重于主威行天下，却不居功骄矜而以德为立身治国之本，以至大圣孔子亚圣孟子都奉其为圣人，那周公就称得上是圣中之圣了。就连后世的乱世奸雄曹操，都称慕他是"周公吐哺，天下归心"。且有"周公一沐三握发，一饭三吐哺"的美谈流传至今。

颜之推在家训中称：周公礼贤下士很重要的一个方面就是礼敬于来访的宾客。他礼敬到什么程度呢？周公曾教育他的独生子伯禽说："我为了不让客人有怠慢的感觉，随时接见他们，常常是洗一次澡就要停下来三次，头发都没干；吃一顿饭三次放下饭碗，来及时接见来客，不让他们有怠慢之感。即使如此，我还怕失去一个贤人。你一定要以礼贤为治国之要。"

周公正为能如此，所以天下贤士都归顺在他的身边，所以才有周初的天下大治，不管天下发生什么反叛、动乱，他都能把它平息掉，而晋文公就不同了。

晋文公是晋献公的儿子，名为重耳。因为献公的宠妃骊姬为了让自己儿子即位而害死太子申生，重耳与其弟出逃避祸。屡经颠沛后由秦国送归立为国君，励精图治，成为一时的诸侯霸主。在他出逃避难时，晋国的一个管理国库的臣子叫"竖头须"的人盗库出逃。重耳回国即位后，此人便回来投归。晋文公却因为正在沐浴而拒见。此人认为文公怀恨于他，便对出来传话的仆人说："人在沐浴的时候，心脏是不得安的，人心不安便会思谋反叛，君王认为不适合见我也可，以前我在国时为社稷守臣，我出逃时便是一个该入狱的逃仆，而我如今归来是想为君王守社稷的，何必怪罪我而不见呢？如果一个君王如此仇视于我这样一个匹夫之人，那天下害怕他的人便会很多了，他不怕由此失去人心吗？"仆人回身把这些话告诉了文公，文公便急忙召见了这位"竖头须"。但后人仍以此而嘲笑晋文公因慢客而让人产生反叛之心，有失于待客之道。

礼贤下士，自古为居官之道。周公、晋文因礼与不礼，敬与不敬而得失人心如此，居官者不可不慎于待人接物之小节大礼。尔今之人则多以势利之心而待人，所以世少忠贞节烈之士也是自然。官风、家风于世风、民风影响莫大，岂可忽略？

"家蠹之论"：君子治家必严教妻仆

颜氏认为：有教养的人家，必严教妻子与家仆以礼待客，以敬待人。对妻如失之于宽，则家仆与妻子便会自行其是，把主人之心之意都可中途改变而不认真实行；进而怠慢客人、亲友，甚至去鱼肉乡里而导致怨声载道，"此亦为家之巨蠹（音杜）矣！"因为持理家政者无非妻室与仆人，家风所系于此，所以颜氏称之不仁无礼之妻、仆，为家室的大害虫。所以，颜氏又说：

> 门不停宾，古所贵也。失教之家，阍寺（看门人）无礼，或以主君寝食嗔怒，拒客未通，江南深以为耻。黄门侍郎裴之礼，号善为士大夫，有如此辈，对宾杖之；其门生僮仆，接于他人，折旋俯仰，辞色应对，莫不肃敬，与主无别也。（《风操第六》）

这段话的意思是：古代君子为官者，绝不以任何借口让客人在门口等候，而是及时接见。而没有教养的人家，连把大门的仆人都可以无礼拒客。以君子之善美而著称于士大夫之间朝梁的黄门侍郎裴之礼则不同，一遇到下人对来客无礼，便当着客人的面，施以杖罚戒之，谢过于客。因此他家的仆人接待来宾都如主人般谦恭礼敬。

颜之推所训，足为今日之高官大吏为人上司者所鉴；为人手下者，为家主妇者，也自当引以为戒，礼敬于人而为家主、上司广播仁风，而令自己不为势利小人，兼树贤美之名。而不可夫贵妇骄主大奴大的去狐假虎威，而当时戒树倒猢狲之散，覆巢之下雀悲。

古人言"家有贤妻，不受横祸"。春秋时的晋国流亡公子为避祸逃到曹国，受到该国国君的冷遇，连饮食都很困难。主管礼宾的官员也看国君脸色行事，毫无待客之礼，他的妻子却对他说："你怎么可以这样呢？礼敬本为做人之本，更何况你面对的是一个落难他乡之人，就更应照顾周到。何况他又是大国的国君之子。一旦回国当了国君，灭了我们这个小国易如反掌，那时你该悔之不及了。"一席话说得丈夫直冒冷汗，当天夜里便带着食物与玉璧去看望这位流亡者。公子把食物收下，把玉璧退回。此人是晋文公。后来在秦国的护送下果然回国即位，真的兴师灭了这个无礼的小国，而这个礼宾官一家则受到了保护与回报。古之贤妻、烈女多多，而今那些贪官污吏又有几个不是与妻子儿女相株连的呢？

九、君子让天下小人争一钱之利

古人云："巢父、许由，让于天下；市道小人，争一钱之利。"亦已悬矣。

——《颜氏家训·卷三 风操第六》

【直解】

巢父、许由：都是尧帝时代隐居的高士，尧让天下于二人而不取。

市道：商人之道唯利是图，不舍利亦不舍投机。

悬矣：与争一钱之利的小人相比，相差太悬殊了。

这是颜氏针对南北朝时代"侯景之乱"中梁朝百官的表现而发的感慨。原北魏朝部将投奔南梁被封为河南王的侯景，举兵叛梁破梁都南京，并囚困饿毙梁武帝萧衍，自立为汉帝时，南京城中百官人人谋私自保，只有太子卫队司令左卫将军羊侃一人谋划并组织反抗，争得了一百余天的时间。侯景兵败后出逃被部下所杀。所以，颜氏慨叹人与人差距"悬矣！"

【绝非说教】

人这一生没有什么比让人看不起还羞愧的事

侯景之乱，百官不顾人臣节操而争于自保；羊侃独争于抵抗叛臣而保其国。百官争其一己之私，而人耻之；羊侃争于天下为公，是以人敬之。

人这一生有受人尊敬的，有受人耻笑的，也是各得其所吧。笔者一生阅人无数，而对那些为一己之私而争先恐后不顾廉耻的人，则数十年耻之。对"二十四史"中的瘦羊大夫，杨震的天知地知你知我知，于今敬之。人若想要赢得他人众人的尊重，最好不要事事处处去争一己之利之私，让人看不起的事是一件很难受的事。人这辈子还有什么比让人看不起还羞耻的事呢？还有什么比让别人都替你害臊的事更为羞耻呢？

十、士君子不以不如己者为师友

与善人居，如入芝兰之室，久而自芳也；与恶人居，如入鲍鱼之肆，久而自臭也。墨子悲于染丝，是之谓矣。君子必慎交游焉。孔子曰："无友不如己者。"颜、闵之徒，何可世得！但优于我，便足贵之。

——《颜子家训·卷二 慕贤第七》

【直解】

鲍鱼之肆：出售极腥臭咸鱼的店铺。鲍鱼，一种咸鱼，极臭；肆：店铺。

悲于染丝：墨子见白丝入染坊，染成什么色便无法再改变，联想到人受人际环境的熏染，而不觉悲叹。

无友不如己：不去结交品行不如自己的朋友。

颜、闵之徒：像颜回与闵子骞那样的人。颜回，孔子最得意而被称为圣人的大弟子，学慧聪明，以学问优异、安贫乐道，坚守节操而闻名；闵子骞，孔子弟子，与颜回齐名。以孝闻名于世，成为历代孝子典籍中的传主。

【绝非说教】

世人当重"有染"诸说

有道是近朱者赤、近墨者黑，是讲人的成长与环境的影响之大，所以西方教育心理学称："环境即教育"。而在各种环境中，人际环境中的交友就更重要了。是以，荀子有"蓬生麻中，不扶自直；白沙在涅，与之俱黑"之说。而墨子不但有"染丝之悲"，更由此演绎出一种"有染三说"：

其一，"墨子见练丝而泣"：当他看见雪白的蚕丝一旦投入染缸，则"染于苍则苍，染于黄则黄"，（因此后人亦有"变起苍黄"之语来形容突变事件）便泣叹道："染不可不慎。"因为你投入什么颜色的染缸，瞬间就变成了同色，再也不是那束白练，且无法再复原。

其二，"非独染丝然也，国（君）亦有染"。他由染丝推演到了国君因身边的辅臣不同而国运不同。舜、禹、汤、武四王，因"染"于贤相明辅，"故王天下，立为天子，功名蔽天地"，所以说这四王是"所染当"。而夏桀、殷纣、周厉王、幽王，这四王都以奸小为相为辅，所以个个"国残身死，为天下戮"，因为他们"所染不当"。所以，后人"举天下之仁义显人"，必称前四王；而"举天下不义辱人者，必称后四王。然后又举出春秋五霸与亡国六君的事例，从正反两面来说明"亡国六君"，"非不重其国，不爱其身也，……所染不当也"。

其三，"非独国（君）有染也，士亦有染。"并指出那些成功的名士，如段干、禽子、傅说之流，都是因"其友皆好仁义、淳谨畏令"的人，所以才得以"家日益，身日安，名日荣，处官得其理矣"。而那些身败名裂的人，如子西、易牙、竖刁之徒，都是因为"其友皆好矜奋，创作比周"，所以才"家日损，身日危，名日辱，处官失其理矣"。

而《淮南子》也称："白丝之涅，就变成了黑色；黄缣染之以丹，就变成了红色。人性本无邪，久渍于俗就会变为邪了"。而"染于苍则苍，染于黄则黄"，"近朱者赤，近墨者黑"，"所入者变，其色亦变"，士君子"必择所染，必慎所染"，这些看法几乎成为先秦百家、春秋诸子的一种共识。是以颜之推训导子弟"君子必慎交游"，不要有"所染不当"的事发生。这亦是为今人居处、交友之诫。

尤其是当今社会，翻一翻那些案例，无论党、政、军、民、官、商、文，所有大案，哪个不是一帮狐朋狗友连在一起的串案？哪个犯罪人身边不是蛇鼠一窝，狼狈同穴？哪个不是久浸各色大染缸中？

十一、君子不掠人之美贪天功为己有

用其言，弃其身，古人所耻。凡有一言一行，取于人者，皆显称之，不可窃人之美，以为己力；虽轻虽贱者，必归功焉。窃人之财，刑辟之所处；窃人之美，鬼神之所责。

——《颜氏家训·慕贤之七》

【直解】

弃其身：把拥有"著作权"的人抛开。

显称之：要十分明白突出创造、发明、著作人。

必归功：原创者虽名轻位贱，是你的下属，也要把原创之功，功于人家。

这段话的意思是：你采用了别人的建言、建议与成果，而把人家抛开，古人认为这是非常可耻的行为。凡有一言一行是从别人那里拿来的，一定要说明白是谁的创树，而不可盗窃别人的美处，归功于己。哪怕对方是身卑位贱者，也要归功于人。偷人家的财富，要受刑法处罚；而偷人家的功劳记在自己的账上，是要受到鬼神谴责的。

【绝非说教】

君子不倡"汤饼大会"分人杯羹于己

如今是个信息技术高度发达的社会，官场、科研、教育、思想文化界，这种"用其言"而"弃其身"的剽窃行为屡见不鲜，而不以为耻。尤其是当途掌权为人上司者，或贪天之功为己有；或对他人成果、奖金必分一杯羹；或要吃人家的汤饼大会五马分肥……不但有失公道，尤为可耻卑鄙，与盗贼无别。针头削铁，燕口夺泥，而又于心何忍？难怪百姓仇官。古人尚有"君子不掠人之美"之德，居官者是那种比一般君子还高一层的"士君子"，可千万别干这种丢人的小人勾当。

十二、人不勤学，"长受一生愧辱"

自古明王圣帝，犹须勤学，况凡庶乎？

有志尚者，遂能磨砺，以就素业；无履立者，自兹堕慢，便为凡人。人生在世，会当有业：农民则计量耕稼，商贾则讨论货贿，工巧则致精器用，伎艺则沉思法术，武夫则惯习弓马，文士则讲义经书。多见士大夫耻涉农商，差务工伎，射则不能穿札，笔则才记姓名，饱食醉酒，忽忽无事，以此销日，以此终年。或因家世余绪，得一阶半级，便自以为足，全忘修学；及有吉凶大事，议论得失，蒙然张口，如坐云雾；公私宴集，谈古赋诗，塞默低头，欠伸而已。有识旁观，代其入地。何惜数年勤学，（以免）长受一生愧辱哉？

——《颜氏家训·卷三 勉学第八》

素业：学业，儒学之业。

履立：操守。

会当有业：应该各以一业一技为业。

余绪：祖上余荫、承继。

蒙然张口，如坐云雾：张口结舌，所言令人如坠五里雾中，什么也说不清楚。

欠伸：打哈欠，伸懒腰，困窘状。因为自己既无话语权，别人讲的也听不懂，所以既窘，又困。

代其入地：那些有识之士旁观其如此，替他不好意思，替他惭愧，恨不得有个地缝替他钻进去。

"长受一生愧辱"句：为什么舍不得下数年勤学之功，以免除一生的羞愧耻辱呢？

【绝非说教】

真爽，让"小猫"出息个"豹"只须"三日"

颜氏对那些不学无术、尸位素餐，而居官位的人，描述得惟妙惟肖。一千多年后的今天，不知有多少人仍会读此汗颜。人生在世，哪怕做不成什么事业，位卑名微，但总该有点学问在身。学问本身就是一种别人无法超越，无以剥夺的天爵名位。有了学问，一生又何卑之有？何辱及身？何羞可愧？

三国时代东吴名将吕蒙，自小随军旅中的童子军南征北战，而不曾读书，不过一勇之夫。文士出身的大僚鲁肃因此十分看不起他。后来吕蒙在孙权的批评教导下，开始认真读书，研习历史、兵书、战策，出镇柴桑，为东吴"边防军司令"，与荆州的关羽对抗。

　　鲁肃一次出巡，路过吕蒙驻地，便要过吕门而不入。在部将劝说下，才入了吕营。在很高傲地与吕蒙交谈中，他却发现此子如脱胎换骨，一派儒将风度，所言政论、兵学，讲得头头是道。竟乐得鲁肃起身拍着吕蒙的肩背说道："这哪里还是吴下那个旧阿蒙了啊？真是士别三日，自当刮目相看啊！"从此，"士别三日"之句便成了赞人进步神速大有长进的成语。

　　"三日"，不就三天吗？还豁不出来？试试，让"小猫"出息个"豹"！

十三、家有藏书百卷，千年不为下人

自荒乱以来，诸见俘虏，虽百世小人，知读《论语》《孝经》者，尚为人师；虽千载冠冕，不晓书记者，莫不耕田养马。以此观之，安可不自勉耶？若能常保数百卷书，千载终不为小人也。

——《颜氏家训·卷三 勉学第八》

【直解】

荒乱：颜之推为南北朝北齐人士，久历战乱事变。荒乱即指他所经历过的战乱。

百世小人：历代没有做官为吏人家的平民子弟。

千载冠冕：世代世袭的贵族子弟。

书记：指起草文书、记事的本领。

小人：此处指下人、役夫之类。

这段话的意思是：自从战乱以来，我见过许多俘虏。其中有些人世代都是布衣百姓，但能习读经书，所以仍能以教书为业；而那些世袭的贵族子弟连怎么写文件、记事都不会，没有不被派去干种地、养马这一类苦役的。由此而观，人怎可不勤学自勉呢？如果家中有数百卷书籍，就是千年百世，历经磨劫，也不会沦落为那种做苦役的百姓。

【绝非说教】

穷，也别养猪，富也要读书

书中有女颜如玉，那是插图；书中自有黄金屋，那叫汉武。这都是瞎扯。世事洞明皆学问，刘项原来不读书。书不过是印上了符号的纸张集合。而比美女可爱，比黄金贵重的，是书中的学问、知识。美女、黄金，能换来学问与知识吗？"家财万贯，不如薄技在身"，颜之推因之又讲："技之易学而可贵者，莫过读书也。"俗云"穷养猪，富读书"，但如果你永远只养猪，就要穷一辈子；如果你永远读书，也要穷一辈子。即使都是一样的穷，那读书不比养猪美多了吗？读书未必就会富，但不读书的人，你肯定没什么希望。尤其是富一代、二代的更要读书，有道是世有资本家，而资本无家。

十四、璞玉浑金美于木石之雕刻

夫命之穷达，犹金玉木石也；修以学艺，犹磨莹雕刻也。金玉之磨莹，自美其矿璞，木石之段块，自丑其雕刻；安可言木石之雕刻，乃胜金玉之矿璞哉？不得以有学之贫贱，比于无学之富贵也。

——《颜氏家训·卷三 勉学第八》

【直解】

穷达：穷，一穷二白；达，显贵。

矿璞：矿，指未经冶炼的浑金矿石；璞，指璞玉，即未经琢磨的玉石。

段块：段，木段；块，石块。

这是《颜氏家训》中"有客难主人"中的一段话，大意是：有访客诘难主张读书治学的主人说："许多人因军功而出将入相，许多人因学问而做了高官，也有许多有学问才兼文武的人，非但身无半职，连妻子儿女都啼饥号寒。为什么一定要把读书学问看得那么重要呢？"主人回答了上面的这段话，大意是：人命之穷达，就如同金玉和木石一样。提炼出来的黄金与加工过的美玉，自然比璞玉浑金的原始状态更美，而原始的木段与石块，自然比雕刻过的木石丑多了。但能因此就认为雕刻过的木石，比没加工过的璞玉浑金更高贵吗？这是不可比的。又怎么可以把有学之贫贱，与无学而富贵的人相比呢？

【绝非说教】

不投入燃烧的煤斤与废料无异

真正有学问的人未必就会贫贱，而富贵的人未必就都没学问。古希腊的大学问家泰勒斯经常被婢女嘲笑，他却说婢女一类的人，总得有点可嘲笑的才成其为婢女。但他还是用自己的学问，用垄断榨油业的方法赚了大钱，去回答世人的嘲笑。但他放弃了经商，他说他只是想证明学问可以赚大钱，只是他不屑于赚钱而已。松下幸之助与钢铁大王卡内基都没上过大学，但不等于他们不读书，没学问，读读他们的传记，就知道他们是如何读书学习，有多大学问了。

学问不等于学历，学历不等于能力。学识只是一堆燃料，你放在那里什么用处都没有，还占据了有限的空间；你只有把它投入燃烧，才会转化为热能、动力，这才能称之为能力。

　　知识文化如同五谷鱼肉菜蔬，只有把它们内化消解吸收，才会成为促进我们成长的养料，我们才能有效的活动。没有燃烧品质的煤石就没有燃料的价值；不投入燃烧的煤与煤石也没什么不同。君子之人不但需要勤于读书治学，更当努力实践，在投入燃烧中，去释放出知识所赋予自己的热能，把它转化为有益于推进创造的动力。这才是人之所以治学的两个根本目的。

十五、君子之学，礼敬为基本贵在其行

所以读书学问，本欲开心明目，利于行耳。

素骄奢者，欲其观古人之恭俭节用，卑以自牧，礼为教本，敬者身基，瞿然自失，敛容抑志也。

素暴悍者，欲其观古人之小心黜己，齿弊舌存，含垢藏疾，尊贤容众，苶（nié）然沮丧，若不胜衣也。

素怯懦者，欲其观古人之达生委命，强毅正直，立言必信，求福不回，勃然奋厉，不可恐慑也。

历兹以往，百行皆然。纵不能淳，去泰去甚。学之所知，施无不达。

——《颜氏家训·卷三 勉学第八》

【直解】

开心明目：开发心智，开阔视野。

卑以自牧：出自《易》的"谦谦君子，卑以自牧。"人以谦虚低调修身自养，君子之风。牧，养也。

礼为教本，敬者身基：礼是教养之本，敬是修身的基础。讲修身养性，很重要的是信守践行礼、敬二字。

瞿（音惧）然：惊惧惶恐貌；瞿然自失，就是时时害怕不安，像丢失了什么东西似的去不断寻找自己的不足。

敛容：面色庄重正经。

抑志：不张扬，自我节制骄心奢欲。

暴悍：性格暴烈强悍不驯不屈。

黜（音处）己：自我批评贬损。

齿弊舌存：成语，典出于《说苑》：古代一个叫常枞（音窗）的高士生病，老子去探望。常枞张开嘴问老子："我的舌头还在吗？"老子说："在。"又问道："我的牙在吗？"答："不在了。"又问："你知道为什么？"老子说："因为舌头柔软，牙齿太坚硬了。"意思是在喻人不能太刚强生硬，坚强如石者易碎，而守柔如水者则可长久生存。这是老子一贯的以柔克刚，守弱为强，知雄守雌的思想。

含垢藏疾：指对他人的不是处要有含忍包容之心。这也是古人倡导的仁人君子之风。含，容忍包容；垢，他人之污；藏，掩、隐；疾，他人之病。

苶然沮丧：疲惫不堪垂头丧气的样子。此处指收敛嚣张专横的气焰。

不胜衣：连衣服的重量都承受不起来，是以有弱不胜衣一词，此处指应该以柔克刚节制自我，守弱为强。

达生委命：参破生死。

求福不回：可以求福，但不违背仁义道德而义无反顾。

纵不能淳，去太去甚：这样做即使达不到纯正君子之境，也可以去掉那些太过分的东西，从而使自己所学的知识学问能够应用在各个方面。太、甚，都是过头、极端的意思。

颜之推认为，人之所以要读书，研究学问的根本目的，本来是为了开阔心胸、视野，开发人的心智，提高自己的实践能力。但如今的一些人却只会讲一些古人词句，既不去身体厉行，践履忠孝仁义又不会解决实际问题，缺少实践的能力。因而，他提出了"开心明目"、"利于行"这样由两个方面构成的目的：其一，用知识、道理、学问来提高自己认识问题的能力素质；其二，把自己学得的道理、学问应用到实际中去，要解决两个实际问题：①自己身体力行的去践履，改变、提升自我的道德水平；②学会在实践中应用，会解决具体问题。而不可以在自己身上"忠孝无闻，仁义不足"。一让你去做实际工作，判案不知情由，当县令不理其民，造房不识门框横竖，种田不知下种早晚，治军治国之策一无所知，而只知道吟诗歌乐而"事既悠闲，材增迂诞"。

还有这样的学子，还可以这样为官做事吗？所以他对那些

"不知养亲者"，"未知事君者"，"素骄奢者"、"素鄙吝者"、"素暴悍者"、"素怯懦者"，这五种人，都提出了通过读书学问有针对性地去修为，解决问题。原文较长，本节只节录了几段，作为一种读书的方法来借鉴吧。

【绝非说教】

循《礼》必无以正常生活，弃礼便没有人的生活

颜氏为我们开出治骄的药方应该是"礼为教本，敬者身基"，意思是礼为一个人教养如何的根本，敬是一个人立身的根基。能做到懂礼知敬，骄也就辟易而退，不治自愈了。

仔细想来，人之所以骄气凌人，主要是外无知而内无忌，自视高明。而一旦处小巫见大巫之时，自然神气尽矣。孙悟空有入地通天本事，但见了如来佛虽然敢往人家手上撒尿，但被压在五行山下后便再也不敢放肆了；而且见了观音菩萨也是毕恭毕敬，因为他总有求于人。所以无论怎样骄慢专横者，一旦被人制住，一旦有求于人，他便绝无骄慢之心了。这是治他人之骄的法门。那么怎样根除自已的骄病而不至自取其辱呢？唯"知礼守敬"四字而已。

荀子认为礼是做人的最高操守。他讲道："礼者，法之大分，群类之纲纪也，故学至乎礼而止矣。"并认为礼"在天地

间毕矣！"意思就是关于礼的各种规范，就是人类行为所应守的法之大者；是维持群体、社会生活秩序的"纲纪"——网无纲便是乱线一团；人无法纪、纪律便与畜群无二。他还认为礼"是之谓道德之极。礼之敬文也"。由此又把礼上升为最高的道德，具体化为一个敬字。而知敬，确是做人的起码资格。不知道敬的人，就不该给他发出生证。现在的这些无知者，什么人都敢搬倒了玩弄、嘲讽，什么事都敢做，连自己的命都玩，他还怕什么呢？网络暴露了所有的无知，而无知又把网络变成了传播无知的工具。网络有一天会把所有无知一网打尽吗？

《礼》是"五经"之一，不可以三言五语而论之，且多封建繁缛无益之处，如去循《礼》，那我们就无以正常生活；如果我们连日常的礼节、礼貌、礼敬都愚而无知，知而不守，那我们就会失去人的生活，与禽兽没了什么区别。我们至少得懂礼貌。懂礼节、懂礼敬这三条，才能称得上是人。不知大小，不尊老爱幼，没老没少，不忠不孝，不讲秩序，不知礼敬于人，不分场合胡言乱语、脏话连篇、横冲直撞，横行无忌，说打就捞，说骂就噪，那是什么？老百姓管这类人叫"牲口"，人，千万别在别人眼中被视为畜牲。还是要讲点礼节、礼貌、礼教于人为好，有道是"敬人者人恒敬之"。

"强梁者不得其死"，不知悔改者也不得其死

颜氏开出治暴的药方是自我压制、化强为柔、宽容于人。

控制不了自己情绪，动辄火山爆发的人，没有任何价值而言。是的，火山口气焰熏天，不可一世，但周围只有焦石粉尘，寸草不生，无人顾及，就这么荒凉孤寂一生吗？

老子说"强梁者不得其死"，庄子说石头内外都硬，必不得长久。常枞张口问老子：牙还在吗？"没有了。"又问"舌头还在吗？""在。"又问老子：这是为什么呢？老子说：牙硬而舌软的缘故。

战国时代的张仪到处游说不成，且被痛打几致死，回家便被妻子嘲骂。他也和常枞同样张开口问："我的舌头还在吗？"妻子也和老子一样说"在。"他却说："只要舌头还在就好办。"但他终归没办好。不知悔改者也终不得其死。人还是走正道的好。

别把自己当垃圾箱清道夫，也别播污扬臭名

颜氏称治暴悍要学会"含垢藏疾，尊贤纳众"意思是别人脏不脏你都要容忍，别人的毛病你就当不知道；要尊重那些贤者好人，对那些不怎么样的芸芸众生也得包容。

是的，人不能把自己当成垃圾箱，任人抛扔垃圾；但千万别另走极端，专去淘垃圾污垢，像鱼缸中那种专以水壁上的污物为食的"清道夫"鱼；除非你想当"拾荒者"。这个世界的垃圾是永远掏不尽的，只要有人类的存在。这个世界上有

"病"的人太多了，你也别去当"医生"，因为这些人根本就不知是病，你要说他有病，那就会与你拼命，何苦呢？

其实，哪个人不生产垃圾？哪个人不生病？只要你自己不是垃圾，别往自心里装垃圾；你不是别人的病，也别盯着别人的病，就很好了。何况你见别人不好，人未必以为不好。尺有所短，寸有所长。骆驼吃不到园中草，蚯蚓得享地下食。这个世界因不同才有事物多彩；因为有丑，才彰显美；因为有洼地，才知道什么是山高……这些都是造物的给定，不是我们能管得了的，所以，一切还是顺其自然的好，见怪不怪，其怪自败。是的，得有点是非观，对反动派肯定是"你不打，他就不倒"，但到底有多少阶级敌人啊？否则，成天老是挖掘不美，见人不足，愤世不公，那还有心情去做事吗？那不是自找烦恼吗？

臭狗屎晒干了，也就没味了；污泥沉淀了，水也就清了。可是你一搅和，那就臭气熏天了，你也就成播臭传污者。都说谣言止于智者，而污臭也一定止于仁智两兼者。

十六、君子治学如赏春花而登秋实

古之学者为己，以补不足也；今之学者为人，但能说之也。古之学者为人，行道以利世也；今之学者为己，修身以求进也。

夫学者犹种树也，春玩其华，秋登其实；讲论文章，春华也；修身利行，秋实也。

——《颜氏家训·卷三 勉学第八》

【直解】

为己：古人的学习"为己"是为了自己的提高，改正自己；今人的学习"为己"是为了升官。

为人：今人学习的"为人"，是为了向人说教卖弄；古人的学习"为人"，是为了推行自己的主张，有利社会。

玩：观赏。"春玩其华"，引申为求学之初是通过研习文章来探讨学问。

秋登其实：秋天成熟结果。引申为求学读书的最终目的，是学业成熟，用以修身养性，指导自己的行动。

【绝非说教】

当今国人只为一字，也只缺一个字

当今社会的人们，读书学习之时尚有四：一是为了满足自己的本能低级需求，而去搜奇猎艳；二是为了升学、择业、晋职、考官而各取所需；三是为了个人理财、经营赚钱而寻找窍门；四是为了口福、保健、家居、孕产、兴趣而寻找图书。

悲夫，堂堂中华大国之民。哪里还可以寻到"诗意地栖居"？哪里还去寻找伟大高尚？哪个人还会为了修身而寻师问道？连释迦的异域徒孙们，都在一门心思磨光了头，但已不再是为能吃到免费的馒头，而是挖空心思地研究俗家学问赚钱赚名。中国的发达进步，域内外有目共睹，中国人现在什么都不为，什么都不缺，只为一个字也只缺一个字而已。一个字可兴，一个字可亡，两个字扯平，天下无事，所以连如今的杞县人民都无所忧了。

十七、君子晚学如秉烛夜行

人有坎壈（音览），失于盛年，犹当晚学，不可自弃。孔子云："五十以学《易》，可以无大过矣。"魏武、袁遗，老而弥笃（音堵），此皆少学而至老不倦也。曾子七十乃学，名闻天下；荀卿五十，始来游学，犹为硕儒；公孙弘四十余，方读《春秋》，以此遂登丞相；朱云亦四十，始学《易》《论语》；皇甫谧二十，始受《孝经》《论语》：皆终成大儒，此并早迷而晚寤也。世人婚冠未学，便称迟暮，因循面墙，亦为愚耳。幼而学者，如日出之光，老而学者，如秉烛夜行，犹贤乎瞑目而无见者也。

——《颜氏家训·卷三 勉学第八》

坎壈：困顿、不得意。

魏武：曹操，终生为学不辍，虽军旅之间亦不废读。并自称"长大而能勤学，唯吾与袁伯业耳"。袁伯业即下文的袁遗，是袁绍的堂兄，袁绍先后任其为长安令、扬州刺史。

荀卿：荀子，古书也有称为孙卿者。

【绝非说教】

一书一世界，一句一菩提

幼学自如日出之光，而晚学何称秉烛夜行？经历了多少沧桑后，晚学自有另一番开悟。人云纸上得来终觉浅，其实并非书浅，而是你道行浅，体悟不到个中三昧；晚年再读，就是另一番滋味。因为许多事都在你的足下履过，但仍有所忽略或不解。偶经书中一语点破，便如阴云重雾中顿开晴天一角，豁然开朗，大彻大悟。书中没有颜如玉与黄金屋，但却是一书一世界，任你自由遨游；一句一菩提，小风醒人展卷有益。哪也别去，就在这个世界的菩提树下；什么也别干，就去读书。既怡人性情，又无辛劳苦身，于桌前灯下，无分晨昏，而得以自由随心的一个世界一个世界地去漫游，足可谓人间至福之田。

十八、君子学风：何须"三字两纸疏义"

学之兴废，随世轻重。汉时贤俊，皆以一经弘圣人之道，上明天时，下该人事，用此致卿相者多矣。末俗已来不复尔，空守章句，但诵师言，施之世务，殆无一可。……邺下谚云："博士买驴，书券三纸，未有驴字。"使汝以此为师，令人气塞。

夫圣人之书，所以设教，但明练经文，粗通注义，常使言行有得，亦足为人；何必"仲尼居"即须两纸疏义，燕寝讲堂，亦复何在？

——《颜氏家训·卷三勉学第八》

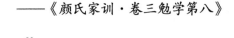

【直解】

一经：一部经书，指"五经"之书。古人以明一经，便可出任为官，是以文天祥有"辛苦遭逢起一经"句。

末俗不复：汉末以来这种风俗习气已不复存在。

仲尼居：《孝经·开宗义》首章首句的三个字，意思是孔子何居之处。

两纸疏义：疏义，古书的注释阐发。此处指为了解释"仲尼居"这三个字，竟然写了两页之长的疏义。

燕寝：燕通宴，进食；寝，卧室，指睡眠。此处是说，如果为文讲话都如"三字两纸"这么办，那在饮食间、睡前的交流切磋的讲学方式，还有可能存在了吗？

【绝非说教】

专家学者著述要多为读者着想

读古籍不知字义便无以为读，是以诂注字句疏释大义者功不可没、事不可轻。但时过千年，如今的许多学者，仍"博士买驴"、三字两页疏义，此风难改反而越疏越糊涂，越诂越转向，所以便越是体例繁乱、架屋叠床、层层赘释、闲诂、滥注，让读者如坠五里雾中，不得要领。就像一条大鲨鱼面对一群沙丁鱼般，无处下口，失去了选择能力，不知如何可读，何处当读？只得望洋兴叹，"令人气塞"了。中国的典籍注定死在这些人的手里。

　　作者、学者，千万别再当那种"书券三纸，未有驴字"的买驴者了，也别再干那种"三字两纸疏义"的蠢事了。而编者也一定要精简结构、层次，方便读者阅读。著述者若要只给自己看，为了向同仁、评委证明你的学术水平与新发现，那也左右、丰简两由之。最要命的是训来诂去，你自己好像是明白，而把读者弄得更糊涂了；而更要命的是读者需要的注疏，你却不注也不疏。出版者最好别出这种书。

十九、君子勤学自达以慰父母苦心

梁元帝年始十二，便已好学。患病"手不得拳，膝不得屈"，便以酒解痛，仍坚持"自读史书，一日二十卷"而不知倦。帝子之尊，童稚之逸，尚能如此，况其庶士，冀以自达者哉？

——《颜氏家训·卷三 勉学第八》

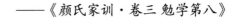

【直解】

梁元帝：南北朝时代南朝第三代梁国的君主，是颜之推的好友。本段是颜之推借梁元帝勤学的事，劝勉弟子以勤学而自立闻达于世。但梁元帝实不堪为学之楷模，徒读无益沉溺道学，不知治国之术，而终亡国身灭，而足证学有用，以致用，才是为学的大道。

朱詹吞纸为食抱狗取暖而不废读

梁元帝曾对颜之推说:"我在会稽为王子时,才十二岁,便爱读书。当时生病,手不能握,膝不能弯。便一个人躲在蚊帐中以避蚊蝇,疼痛时喝点酒缓解,仍自读史书。也没老师教常常为了一个不认识的字、一句不懂的话而揣摩不已。即使如此,一日读二十卷仍不觉疲倦。"所以,颜之推说:"梁元帝少时,贵为帝王之子,尚能如此勤学,何况想通过读书而出人头地的平民士子学人呢?"

颜之推还引用苏秦"头悬梁,锥刺骨"、西汉文仲翁"投斧挂树"游学长安、东晋孙康"映雪照读"、车胤"囊萤夜读"、汉代倪宽"锄则带经"一边种地一边读书、路温舒牧羊把苇蒲杆破开当纸练字,以及梁朝的刘绮家贫无灯,用一根根荻草燃照夜读;朱詹家贫无食,吞纸充饥,冬夜无被抱狗而眠,连狗都饿跑了,他的呼狗之声"哀声动邻"犹不废学。用这些勤学苦读之人,终以学业有成,而出人头地的事,来劝子弟勤学苦读。

君子不以儿辍学养家，人子当勤学苦成以慰父母

颜之推全家在战乱中，曾由河南迁到陕西，生活十分清苦，他的儿子颜思鲁便想废学打工以养家。颜之推却对他说："子当以养为心，父当以学为教。"意思是说："为人子者当有孝养父母家室之心，但父亲的责任是教子以学。"并说："你如果废学养家，我就是丰衣也不觉暖，足食也不觉甜。如果你刻苦学习，能够成就学问、承继光大家门，我就是褐衣喝粥也甘愿。"

为人子者是父母的全部希望所在，真当勤奋力学，有所成就，以慰父母之苦心。父母在时尚不觉有憾，双亲一俟过世，便会见"父母"二字而心哀肝痛热泪涔涔。为人子者真当于父母尊前有所成就，而不止于养。

二十、孝为百行之首犹当知禁忌

其天性至孝如彼，不识忌讳如此，良由无学所为。若见古人之讥欲母早死而悲哭之，则不发此言也。孝为百行之首，犹须学以修饰之，况余事乎？

——《颜氏家训·卷三 勉学第八》

【直解】

"其天性"句：本句是讲南北朝齐孝昭帝高演天性至孝，其母娄太后生病，高演因悲伤操劳而"容色憔悴，服膳减损"，寝食难安。名医为其母针灸时，其母疼痛不堪，高演便让母亲抓着自己的手来缓解疼痛，以至把他的手心抓出血来而不惜。由于过于悲伤操劳，在母亲病愈后，他却死去。便在遗诏中讲了没有常识的话，说他遗憾的是不能为母送终了。他所以这样讲本出于至孝之心，却犯了忌讳，为人子者是不能轻言送终的。这都是由于他学习不够的缘故。

"古人之讥"句：古人曾经讥笑过那种为一尽悲伤之情而希望母亲早死的事。高演如果广学而知此忌，就不会在遗诏中如此说话了。

"孝为百行之首"句：孝是人的所在行为中的第一位，还要通过学习来完善，何况其他呢？

颜氏以此劝子弟应博学广识，便不合以此为说教，人若能如高演般侍母之孝心、孝行，便天下尽孝了，而何须以古礼之忌而非之、讥之？如果这样苛求，那天下便无孝子可言。

【绝非说教】

君子之孝在心在行在生前；身后过悲自毁者为大不孝

有孝心，必有孝行；有孝心孝行便可称为孝者，而何须责其一言之非？而何必拘于诸多礼说？如阴阳家认为初一死人不能哭，每月最后一天死人也不能哭，颜氏便以为大谬。

为人子者尽孝当在父母生前，在生前之孝心孝行，而不在死后之悲之哭，所以人言"活着不孝，临棺乱叫"。父母之亡，谁人不悲不哭？动物尚伤其类而悲鸣长号，何况人呢？但总得适可而止，所以《礼记》有临丧节哀顺变之言。

人之生死本自然法则之规定，为人子者不忘父母之恩于心即可，而无须过于伤悲。这也是父母之愿，哪个父母希望自己的儿女为自己不在而过于伤悲有损于身体呢？你若为此而伤悲不已，有损自己，父母若有灵，一定会在那面也心痛不已。如此反为逆父母之意、伤父母之心，当为大不孝者。古人不讲"顺者为孝"吗？顺父母之意，令父母欢心，这才是人子孝之所在。而为人子女者当知：父母对儿女一生所愿，无过于儿女们能无忧无虑地生活。所以说有违父母此意者，还能说是孝吗？父母生前之孝在孝养、孝敬、孝顺；亡后之孝则在于你能快乐地生活，父母在天之灵便也自得安生。人子真当慎思慎行。

庄子的母亲去世，惠子去吊唁。见庄子在敲着瓦盆唱歌。惠子说你不哭反歌，太过分了吧？庄子答：生死有命，本是自然之事，父母去世了，也是一生苦难的结束，而我们何必痛不欲生呢？其实，庄子敲盆而歌不过是伤悲的另一种表达方式。有道是长歌当哭是必在痛定之后，且自古有"歌哭"一词；祭死悼亡本歌哭难分，是有哀乐之送行。又与嫁娶通称"红白喜"，而惠子又何责人于歌？庄子之歌即使不为之悲，亦必不至为欢歌，而又何责之？而为人子女者又何必因父母之超脱于尘世而自伤自毁呢？唯心存之便为永在，生死本同在一个世界。孔子是孝礼的集大成者，但他并不赞成临丧过哀与丁忧守孝过长，他的弟子中有的守丧过哀、过长者，他都一一劝阻。为人子者只要不忘于心，便为身后之孝了。

二十一、君子交绝不出恶声不失节操

自春秋以来，家有奔亡，国有吞灭，君臣固无常分矣。然而君子之交绝，无恶声。一旦屈膝而事人，岂以存亡而改虑？陈孔璋居袁裁书，则呼操为豺狼；在魏制檄，则目绍为蛇虺（音悔）。在时君所命，不得自专，然亦文人之巨患也，当务从容消息之。

——《颜氏家训·卷四 文章第九》

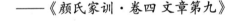

【直解】

无恶声：指君子交友事主之道，即使绝交、离弃，也不应该有谩骂、攻击之语。这是一种政治人格。

改虑：改变心思。

陈孔璋居袁裁书：指三国时代的大文人陈琳在袁绍手下时，

为他"裁书"——撰文时，骂曹操为豺狼；后来降了曹操，为曹操撰写讨伐的战书时，又大骂袁绍为毒蛇。

目绍：视袁绍。

虺：蛇的一种，古书所说的一种巨毒之蛇。

巨患：指文人身上的一种大毛病。

从容消息：认真自主地思想好该怎样说话。

【绝非说教】

君子得时蚁行失时鹊起而不言旧主之恶

反叛之心，人皆有之；合则留，不合则去，也不为非。庄子曾有言："鹊上高城之垝，而巢高榆之颠。城坏巢折，凌风而起。故君子之居世，得时则蚁行，失时则鹊起也。"良禽尚择木而栖，何况于人？但应有最起码的道德底线。若合则称爷，离则骂娘，非但是翻脸不认人反目成仇的奸小狗人性，而且新主子、新朋友见之，谁还敢跟你深交？谁不怕咬啊？

徐庶背离了刘备，但进了曹营一言不发；袁涣也离开了刘备，但终生不出一恶言。战国时代的乐毅，为燕昭王复仇率五国军队，攻克齐国七十余城，还有二城未下便可吞灭齐国。但恰在此时昭王去世，燕惠王即位，受齐反间计疑乐毅，而用骑劫代之临胜易帅。乐毅只得避祸逃入赵国。而齐国乘机大反攻光复国土。惠王追悔莫及，又怕乐毅怀恨拥赵来攻，便致信于乐毅。乐毅诚恳地回了一封长信，来自明心志，而无一怨言，并说道："臣闻古之君子交绝，不出恶声；忠臣之去也，不洁其名。"并因此而成千古美谈。

还有一个以此行很出名的人物便是大唐王朝开国功臣徐世勣，也就是民间评书中的人物徐茂公。他本是农民起义军瓦岗寨的首领之一。后来因为内部分裂，瓦冈军败散，而投靠了起兵不久的大唐。而他的旧主李密，旧友单雄信等人，都成了唐军的对手。徐世勣虽然投靠了大唐，但他非但不出卖旧主子，不害旧友，且凡是被杀被害的，他都不忌讳新主子的好恶所忌，能求情的求情，求不得的也要为之饯行送别收尸。

这一类的事在历史上不胜枚举，是谓古人不泯的君子之风，今人之为人处事，足可为鉴。朝秦暮楚的人，无异于政治娼妓，向来为人不齿。

二十二、君子自有千丈松风而不拂人意

齐世有席毗者，清干之士，官至行台尚书，嗤鄙文学，嘲刘逖云："君辈辞藻，譬若荣华，须臾之玩，非宏才也；岂比吾徒千丈松树，常有风霜，不可凋悴矣！"

刘应之曰："既有寒木，又发春华，何如也？"席笑曰："可哉！"

——《颜氏家训·卷四 文章第七》

【直解】

齐世：北齐国当时。

席毗：南北朝时代北齐朝的尚书。

行台：代指中央官府。尚书令为宰相，尚书一职相当于今日国家政府部长。

文学：指文学之士。

刘逖：北齐中书侍郎，相当于中央政府办公厅副主任。后被杀。

荣华：指农村俗称"马粪包"的一种阴天生于粪上而见日则死的菌类，大概是庄子所称的那种朝生夕死的"朝菌"。荣华一般多泛指开得很盛的花。

寒木：松柏有岁寒之心。

席毗之言虽有大言不惭凌人傲物之嫌，却道出了君子之风：经风霜而不凋，历岁寒而自荣。刘逖所对，也自君子之风：不自辩，不自失，又不拂人意。以春、寒两兼，一语而化干戈为玉帛，谈者笑而言者欢。而何须反唇相讥？但观其言语二人似为好友。

【绝非说教】

鱼熊虽不可兼得而世不乏两全其美之策

世间事自有不可为者，也有许多事在人为之处。鱼和熊掌虽然不可兼得，但世间并不缺少两全其美之事。晏子要开仓赈粮济民，齐景公却非要用此粮来建路寝高台。于是晏子便同意了景公的意见，但却宽打预算、延长工期，从建台预算所支的粮米中，每次都分出一部分粮米来赈灾济民。结果是既没有违背君意，也救济了许多灾贫之民，景公不失亲信，而百姓赖其以活。

　　终南山上千条路，大路条条通罗马。只要动动脑，许多事都可两全其美。世间虽不乏两全其美之策之术之事，但向来缺少会两全其美，乐两全其美之人，所以便总有许多顾此失彼，乐彼伤此的事发生。

二十三、颜渊不宿朝歌城邑，
曾子回车胜母之巷

昔者，邑号朝歌，颜渊不舍；里名胜母，曾子敛襟。盖忌夫恶名之伤实也。

——《颜氏家训·卷四 文章第九》

【直解】

朝歌：殷商故都之城。

颜渊不舍：不舍：不住宿于此。孔子大弟子颜渊过此地，日暮而不肯在此城入住驻车歇马，因为朝歌二字直解是晨起而歌。而颜渊是安贫乐道者，不喜歌乐，所以不在此入住休歇，怕污了自己的名声。

里名胜母：一条小街名叫"胜母巷"。

曾子敛襟：曾子是著名的孝子，一听"胜母"之名，便整理衣服，以示恭敬。也有说曾子遇此而回车不入，愤其"胜母"之名。

伤实也：怕不在意这些恶名，就会逐渐伤害别人们的实际行为，会有淫乐、不孝的事出现。

古人重节操德行如此，似为迂腐，而无非为防微杜渐。如不在乎恶名，就有可能会导致恶行。君子重名节，更重所行。饥者不受嗟食，渴者不饮盗泉，无非都是倡导名节之心，不可以迂腐论之。

【绝非说教】

世间最可怕的两种"无畏"：无知无耻

颜回不宿朝歌之城，曾子不入胜母之巷；廉者不饮盗泉之水，志士不受嗟来之食。古人重名节如此，至少有廉耻之心可鉴，是以有君子之行。人无廉耻之心而何以为人？

人言无私者方无畏。是的，人无私心杂念，自然无所畏，一往无前。但却不可逆推之为"无畏者无私"。

世间最可敬的是那些"无私无畏"者，他们为了真理、正义、爱人、爱国，可以不惜牺牲自己的生命义无反顾。而"惊天地、泣鬼神"、"可歌可泣"这些词汇，不正是由这些为了生存而舍弃一我生存，为了自由而舍去一我自由的"无畏者"

们所创造的吗？但并不是所有"无畏"都是可敬的，有许多"无畏"反而令人生畏。

世间最可怕的"无畏"有两种："无知者无畏"与"无耻者无畏"。

那些无知者，因其愚昧无知而无所畏惧。正所谓初生之犊不畏虎者，因其无知于虎。直到被虎扼唇喉，连哀叫也难之时，乃知自己"虎"之所以为"虎"（俗称傻子为虎）与彼之虎为虎，但悔之晚矣。

都云"不知者不为罪"，无知自然无可怪罪。但那些无知而又无畏的人则着实可恨，因其足为害群之马。而那些无知者恰恰因其无知而无畏，真足以令人生畏。就如洗澡跳油锅般可怕；就像蚍蜉无知而撼大树般可笑；就像无头苍蝇撞玻璃，以为那是出口般可怜。

而既可怕，又可恨的则是那种"无耻者无畏"。什么叫无耻？就是不要脸。所以人言"女人不要脸，鬼都害怕"，那么男人要是不要脸，那不更可怕了吗？大人教育孩子首先当教其脸面之可贵，古人不有言"打人别打脸，说人别揭短"吗？当然，教孩子既不打人，也不骂人就更好了。但一定要让他从小就知道什么是耻、是羞。

古人讲礼义廉耻为人之本。而此本之根源在一个耻字，放在四个字最后面讲，因为那是底线，所谓"知耻近乎勇"，就是讲知廉耻者，然后才有礼义之行。

二十四、君子立身之处不使旁无余地

人足所履，不过数寸，然而咫尺之途，必颠蹶于崖岸，拱把之梁，每沉溺于川谷者，何哉？为其旁无余地故也。君子之立己，抑亦如之。至诚之言，人未能信，至洁之行，物或致疑，皆由言行声名，无余地也。

——《颜氏家训·卷四 名实第十》

【直解】

人足所履：人的两脚立地。

颠蹶：摔倒，跌下。

崖岸：悬崖边上。

拱把之梁：独木桥。双手对卡粗为一拱，只手一握为把。

梁：河梁，指桥。

至诚：指太过于真诚。

物：此处指世间众人，如"物议"，指世人有所议论怀疑。

这段话的意思是：人如果站在悬崖边上，再稍有移动，就会跌下去摔死；人行在窄小的独木桥上，稍有走偏，便会掉到河水涧谷中溺亡。因为在你的脚下已没有可转环的余地空间。人的名声也同样，太高大了，就会引起人们的怀疑它的可信度、真实性。因为过了常人能达到的程度，没有余地了。所以，颜之推说：君子在世间站脚立身也同样，什么都不留余地，就会失败或招致非议。并以自身遭受别人诋毁的时候，反思自己多因言行不留余地的教训来告诫子弟，要学会做事必留余地。还在本段的后面说：一车所行而开双车之路，一人所渡，要造连舟之桥。而且要学会变通：就像孔子的弟子子路的诚信令天下人不疑，所以他的话比诸侯登坛歃血为盟还有信用；后汉赵熹不战而受人之降城，就此那些冲锋陷阵而折人之兵的将帅好多了。

【绝非说教】

凡事不求"最、再"二字，贵在"有限公司"

"最好"二字是人们使用频率最多的一个口头语，但在现实生活中无论做人做事做官都要留有余地，不要去追逐最高、最好、最圆、最满、最大、最多……。高处非但不胜寒，且临高必危；凡事不要都去追求"最好"，人们都爱讲"最好"如何如何，而这个世界本无最好，能有一个好字就好。名位也是如此，所以颜之推又有言："以一伪丧百诚者，乃贪名不已故也。"

弓满必折，月圆必亏，杯满必溢，腹满必病。人别把话说过了，别把事做绝了，凡事都留有余地才好。别人觉得舒服，也免去自己后患。袁崇焕一时头脑冲动对崇祯帝夸口说平灭辽东之敌指日可待，后又改口说五年，令崇祯顿生疑心而终死非命；左宗棠不揣君意而称平复西北须五年之期，五年后君臣皆称其神机。这就是不留余地的害处与善留余地的好处。个人的所有追求，做事，也一定要把握住见好就收，否则你不断地"再"，不但没达到那个"最"，也许还会连原有的全部失去。所以古贤圣无人不谈一个"止"字。这个"止"字学问可就大了，弄通了，你就不止君子，而足以称圣了。

二十五、士君子处世总该
有益于世有用于人

士君子之处世，贵能有益于物耳，不徒高谈虚论，左琴右书，以费人君禄位也。

人性有长短，岂责具美于六涂哉？但当皆晓指趣，能守一职，便无愧耳。

——《颜氏家训·卷四 名实第十》

【直解】

士君子：指士大夫中的君子。

有益于物：相当于今人的为官忠勤职守造福一方之义；做出对他人、社会有益的事。

责具美：求全责备。

六涂：颜氏所言的六件事：朝臣处国事、有治策；文史官员，于著述宪章有古风；将帅处军旅之间，当能谋善断；封疆大吏处藩镇地方，当知民情清白爱民；外交使臣处樽俎折冲之坛，既随机而变又不辱君命；土木建造之臣，则应知工程，有功效而节费用。

晓：通晓深知，不能站在门外。

指趣：宗旨大要。

这是颜之推为当官者所言。简言之就是不能渎职，在其位谋其事，而不能尸位素餐白吃饭赚乐和。颜氏又有云："君子处世，贵能克己复礼，济时益物。"这是颜氏的一贯思想。

人生于世必做有益之事、有用之人。"有用"二字为人生最要之旨归。无须赘述，只一句：无用者必见弃。而庄子则以不用为用，以不材而材，另有他说。你自视有用，那没用。而被用不被用，都从自身算起，怨天尤人者无非自我开脱。所以颜氏有云："人每不自量，举世怨梁武帝父子爱小人而疏士大夫，此亦眼不能见其睫耳。"因南北朝的士大夫，传统官风尽失，多无用不称职而奸小私利之徒，尤其是那些浮华的文人。

"有用"二字是万物存的基本价值

别怪他人不重视你，想想自己的存在对他人有什么用处？别怪单位不重用你，想想自己的存在对单位有多大用？别怪国家无视于你，想想自己的存在对国家有多大的奉献？

古人讲："匠人不作废物。"大自然这个造物主又何曾造一无用之物？一棵树上的许多枝条都不开花也不结果，但为什么不把它都剪掉呢？因为这些枝条是"营养枝"，没有它们的光合作用、传输营养，那树就不能开花，也不能长大，甚至连根系都要萎缩、枯死。所以世人言：删削枝叶的人，绝无好结果。就连以逍遥无为而自况的庄子，都讲以无用为有用，以不材为有材，那我们存世入世之人自当以"有用"二字为念。五谷轮回之遗臭尚可肥田，为人者怎可于人、于家、于群、于国而无一益、无一用处呢？

二十六、君子守德待时而不竞盗禄位

君子当守道崇德，蓄价待时。爵禄不登，信由天命。须求趋竞，不顾羞惭，比较材能，斟量功伐，厉色扬声，东怨西怒；或有劫持宰相瑕疵，而获酬谢，或有喧聒时人视听，求见发遣。以此得官，谓为才力，何异盗食致饱，窃衣取温哉！

世见躁竞得官者，便谓"弗索何获"，不知时运之来，不求亦至也。见静退未遇者，便谓"弗为胡成"，不知风云不与，徒求无益也。

——《颜氏家训·卷五 省事第十二》

斟量功伐：斟量，权衡比较；功伐，功劳。

劫持句：抓住执政当权者的缺失污点相要挟，求官索谢。

求见发遣：指通过沽名钓誉、自我显扬，大言高天下之声，以求上达天子召见赐官。

弗索何获：你不伸手讨要，谁会给你个官呢？

弗为胡成：嘲笑那些谦退而不得升迁者：你不去谋取怎么会有所成功呢？

此篇足见两晋南北朝时代的官风一斑，何丑何陋？而时过一千余年，中国已从根本上颠覆了封建社会，而其官场流毒又何尝绝灭？此弊大体人性使然，而似与制度无关，亦可一阅美利坚之《纸牌屋》则有过之而无不及。

很难说人类是在进化，还是退化。孟子称春秋战国"人异于禽兽者几希"，而今又几多君子之人呢？官场之上若无君子，又何求世间之君子？虽不可学苏三一概之唱词，而一贪官则如臭鱼腥汤。

【绝非说教】

今日严重的问题不是"教育农民"

毛泽东曾讲过一句话："严重的问题是教育农民。"而如今"严重的问题"首先当是"教育官员"。有道是"民随王法草随风","己身不正,焉能正人?"又有言"屋漏在上,知其在下"。

师者,为人师表;官者,为民行表。什么叫领导?"领"字便是要走在前面,要别人做到的你得先做得好;"导"字便是引导、指导,别人做得不对,你要来"导"。但你却没做好,怎么去"导"别人呢?别人怎么会接受你的"导"呢?

有些人抱怨如今的老百姓不知感恩而"仇官",没事他仇你干嘛?而是我们的许多官员做得非但不好,许多人的行为都不可思议:严重背离党的宗旨,就连一般民众都不去做、不敢做的事,他都做得出来,那你还领谁、导谁啊?听你的,跟你走,还不进泥坑、进局子去了吗?

如今的人类好像真有蜕化之嫌:有史以来官场中人有那么多守廉知耻,忠烈仁义之人,那么多的清官、忠臣、烈士、能吏,他怎么就不去学呢?打天下那一代党人的天下为公、生死不惜、名利不计的精神,言犹在耳、历历在目,党内的这些不肖徒子徒孙,怎么就视而不见呢?还怪老百姓"仇"你吗?你的同党都不会见容于你,只是早晚的事,天底下哪有不算的账?何况共产党了,君不见黄河之水天上来,苍蝇老虎一齐打吗?

买来的官不值钱，赏你的官不长久

官场中人无不以升官晋职为一生之追求，其实挺可悲可悯的。但本无可非议，官场之上若连如此竞进之心全无，那政事也更面目全非了。但官场之上也如财物面前一理："君子爱财，取之有道"，而取官则更须以正道。否则，即使目的达到了，非但不以为荣，而当引以为耻。

官者乃正人、执事之职，你靠钱买来的，靠拍马溜须获赏的，那还会有人听你的吗？而且终竟党有党规，国有国法，民有民心，你取之非正道的，必不得长久，至多昙花一现，勿谓言之不预也。笔者亲历此等人多矣，那些人以种种不耻、为非而得官者，不但人人耻之，自己为难，而且无多久，必一个个塌台。为官之人还是读一读孟子的"天爵人爵说"——自己的德行本事，是"天爵"——谁也夺不走；别人给的官，随时都可以被剥夺，所以称为"人爵"。

二十七、君子当少欲知足知止

《礼》云："欲不可纵，志不可满。"宇宙可臻其极，情性不知其穷，唯在少欲知止，为立涯限耳。先祖靖侯戒子侄曰："汝家书生门户，世无富贵，自今仕宦不可过二千石，婚姻勿贪势家。"吾终身服膺，以为名言也。

——《颜氏家训·止足十三》

【直解】

臻：达到。

为立涯限：要立一个边界域限。

靖侯：爵位名称。颜之推九世祖颜含随晋元帝南渡，居官南京，在东晋由南征北战军功而曾有此封。颜之推在北齐官至黄门侍郎，称"学优才赡，山高海深。常雌黄朝廷，品藻人物"。自出任萧梁始，至隋初而终。

两千石：州府郡守俸禄为二千石谷米。

服膺：信服牢记于心。膺：胸。

一生事三国而无祸的颜氏护身三宝

颜之推于战乱时代，以一身而历三朝，官居黄门侍郎，虽外有战乱，内为侍君如侍虎之近臣，而身不历祸，家不受害，为什么呢？他有护身三宝，就是于此提出的三个概念：少欲、知足、有止。欲壑难填，所以只有节制欲望，才会有知足感，而知足不辱亦是古人名言。而只有知止，才有知足，唯知足方有少欲。人如不知足、不知止，便会一生奔竞，非但无快乐可言，奔竞越久越远，说不上何时跌倒、惹祸及身。所以颜氏又有言：

> 天地鬼神之道，皆恶满盈。谦虚冲损，可以免害。人生衣趣以覆寒露，食趣以塞饥乏耳。形骸之内，尚不得奢靡；己身之外而欲穷骄泰邪？

颜之推不但如此说，而且自己身体力行，不事奢靡。虽南北朝官吏奢靡成风，而颜氏贵为北齐黄门侍郎，皇帝身边近臣，国家副部级干部，但仍主张以20口人家，所用奴仆至多不过20人，只须有十顷田足矣。达不到这个标准也不要强求。而宅屋足蔽风雨，有车马代步即可，多余的便散财于人，免得受其败累。并在他自传体长赋中称：

> 向使潜于草茅之下，甘为畎亩之人。
>
> 无读书而学剑，莫抵掌以膏身。
>
> 委明珠而乐贱，辞白璧以安贫。
>
> 尧舜不能辞其素朴，桀纣无以污其清尘。
>
> 此穷何由而至，兹辱安所自臻？
>
> 而今而后，不敢怨天而泣麟也。

读此亦足见颜公之素志，亦知其以一身仕梁、齐、周、隋四朝而不历祸之由来。是以其言、其行、其人，皆可为今人安身立命之明镜可鉴。尤其是官场中人，若能谨守"少欲、知足、有止"三鉴，自可安身远祸。

二十八、君子生死有可惜者有不苟惜处

　　生不可不惜，不可苟惜。涉险畏之途，干祸难之事，贪欲以伤生，谗慝（音特）而致死，此君子之所惜者；行诚孝而见贼，履仁义而得罪，丧身以全家，泯躯而济国，君子不咎也。

　　　　　　　　　　——《颜氏家训·卷五 养生第十五》

【直解】

　　生：生命。

　　不可不惜：不可以不珍惜。

　　不可苟惜：不可苟活而惜命。

　　谗慝：受奸邪谗言所害。慝，奸邪。

　　见贼：遇害。贼，伤害。

君子不咎：君子无罪，不受责备。

颜氏在战乱中，见许多以往的名臣贤士不顾名节地"临难求生，终为不救，徒取窘辱"，而气愤不已。又见侯景之乱，王公将相妃主姬妾多被杀戮，而只有吴郡太守张嵊起兵讨贼，虽不胜遇害而毫无畏惧、辞色不挠；梁朝鄱阳王的长子萧嗣的谢夫人，临危不惧而登屋骂贼，被叛军射死而殉难。前后两相对照，有感而发，写下了这段话，提出了人的生命有可珍惜处，也有不可苟活处。而君子之人，应该珍惜生命而不死于非命；而为行忠孝仁义、爱国保家而死，非但死得其所，且不可苟活。

【绝非说教】

学会珍惜生命是今人的必修课

人没有不贪生怕死的，但忠臣志士仁人君子有自己的节操坚守。当人认为有比生命更重要的东西不能抛弃时，自会舍命以赴。古今如此，非唯君子节烈之风尚，也自有生命本质良知的一种催动。

古代的士大夫向来重名节而轻生死。而视临难背主、叛国、投敌、屈身求生、失节苟活为不可忍之大耻辱。而以殉难、殉名、殉节为义无反顾的大义壮烈。是以，司马迁在写

《史记》时，留下了那段"鸿毛泰山"的名言，且为历代贤士所奉行。一直延续到明亡时节，仍有大批士大夫读书人以死殉国，以死抗拒剃额留辫子之命的事发生。而到了清末，则另有变法派、雪国耻的反清反帝殉国的死难烈士层出不穷。而谭嗣同、秋瑾、陈天华、邹容等一代志士仁人，则是这种由传统生死观，向现代爱国、牺牲的革命英雄主义转化时期的代表人物，但仍称之为"君子"，如六君子、七君子等。充分体现了中华民族君子之风尚的强大感召力与渊远流长。而正是这些古往今来志士仁人的牺牲精神、爱国主义、忠孝节烈之行，铸就了不可泯灭的中华民族之魂。也正为此，我们的民族不管经历了怎样的苦难浩劫而数千年不溃亡灭散。这是我们足值珍惜的国之魂宝。

但历史上许多有识之士也发现：那种因愚忠、愚孝，不涉节操小事而残害性命是不大值得的。这种"不可不惜"似发端于庄子，他是个绝对的重生者，为此，不惜攻击他认为的那些为名的愚忠、愚烈、愚节以死于非命都不如动物，不过是以生命为代价而讨名于世的乞丐。颜氏也在他的家训中指出了生命当有所珍惜处，不能为个人自私的欲望，便铤而涉险、招灾惹祸、为奸人谗害等事而随便轻生，这是不值得的。而处于魏晋之间的大官僚大孝子王祥，则大胆地开创了传孝不传"忠"的家风理念。当然这个"忠"主要指不为一家一姓而死。这种珍惜生命的观念，无异都是一种历史的进步。

如今，我们已经进入和平、安定、繁荣、昌盛的时代，但国人仍须有爱国精神、舍己为人的英雄主义和牺牲精神，对中华民族优良传统风尚的光大弘扬。舍此，我们就是一个没有灵魂的民族。

与此同时，我们必须看到的是：学会珍惜生命也是今人的一门必修课，而不能为私欲、为获利、为财富、为无知、为争端、为暴怒怨憎，为感情、为那些根本不值的小事而随意戕害自己与他人的生命。而连生命都不知珍惜，视自己与他人的生命如粪土的民族，不但是没有文明、没有幸福可言的野蛮之乡，而且终将丧失掉在这个世界上生存的权利。

二十九、君子不责人以精洁

开辟以来，不善人多而善人少，何由悉责其精洁乎？

——《颜氏家训·卷五 归心第十六》

【直解】

开辟以来：自盘古开天辟地以来。

悉：全部、尽数。

精洁：高尚、精进有道、纯洁干净。

这是颜氏见世人因佛门弟子中，有违法流俗者而诋毁佛门的现象，便为其开脱的一段话。意思是说：自有人类以来，就是坏人多而好人少，怎么可以要求每个僧徒都是品行高尚谨守佛道法门的呢？且在下面又讲道：学子不勤学，不是教者的错；佛门弟子不守规，也不是佛门的错。

当代山寨"黑格尔哲学"："我可以骚，你不可以扰"

颜氏为佛徒的开脱之论多多，颇受人非议病诉。但作为一种方法论，未必不可取。面对芸芸众生，多是凡俗之人，何朝何代，何年何月，人类这个种群，能够全部进化为贤圣呢？是的，问题总要解决，人类如果永远一味姑息，这世界就无法无天，无以进步了。但我们也只能面对现实，略见包容之心；否则只能自寻烦恼了。

不知从哪里飘出来的一种智慧有余的口号："我可以骚，你不可以扰。"令人想起了唯物论把黑格尔哲学称为"头足倒置的哲学"。话似乎该这样说："我不可以骚，你也不可以扰。"这本是相安无事的法门。做不到，至少要有点自律精神，把这颠倒了的"哲学"再颠倒过来："你可以骚，我不可以扰。"

人可以德律己，但却不可以己律人。鲁迅不讲过以己律人，所以天下便多事吗？今日之中国若有"自律"二字便足已。如果人人都能把自己管好，那就是野人之乡，也顿成君子之国了；如果人人都能把自己的事做好，那就是一群绵羊也能打败狮子了。

哥白尼以前的人，以神以主为中心；哥白尼以后的人，以太阳为中心；而今，这个世界的人太以自我为中心了。即使此心不错，但至少也没什么好处。想想看，如果地球星球都围着你一个人转，60亿人都围着你一个人转，受得了吗？

三十、君子远庖厨而勉行去杀

儒家君子，尚离庖厨。见其生不忍其死，闻其声不食其肉。高柴、折（音佘）像，未知内教，皆能不杀，此乃仁者自然用心。含生之徒，莫不爱命；去杀之事，必勉行之。好杀之人，临死报验，子孙殃祸。

——《颜氏家训·卷五 归心第十六》

【直解】

尚离庖厨：指儒学的"君子远庖厨"。庖厨，厨房、厨师。因厨者近杀。尚，风尚、习俗、提倡。

高柴：孔子学生，以性仁善闻名。

折像：后汉人，少年时便有仁心，散财施人。

内教：佛门之内的教诲。

含生之徒：指一切有生命的人。含生，佛语指所有生命体。

颜氏晚年有归佛之心。此处亦论佛说报应之语。而且还在后面讲了许多杀生报应于子孙的例子，如常用鸡蛋洗发的人，临死耳中尽是鸡雏之鸣；卖鳝鱼为业者，生鳝首人身之儿；有人杀羊请客，临屠之羊以跪、藏衣后求救于客人，客人不解未救，羊被宰烹食，客人一口肉下肚，痛得大叫，为羊叫声而死去；酉阳郡守杀盗麦饥民十余人，都把手剁掉，后部下生子而无手；齐朝一位闲职之官，非亲手杀牛而不食，才三十多岁便病死，日见群牛袭来，遍体疼痛如刀割，呼叫如牛而亡……。

【绝非说教】

杀人害生者天人不容自有报应

报应之事，虽为佛门之言，未可为信。但前因后果，天下万物难逃因报果劫。善报恶报，总有一报；早劫晚劫，终难免一劫。大至国之兴亡，中至家门祸福，小至人之得失哀乐，无不各有前因而绝非偶至。一失手都有碟破碗碎，而何况杀人伤生之事？

做人还是学会珍惜生命为好。自己的生命，他人的生命，动物生命、植物生命，各种非我类的生命，都是生命。任何人都没有剥夺、伤害生命的权利。天道报应是假，法之报，人之报是真。"杀人偿命，欠债还钱"，天经地义。而为人先要学会珍惜自己的生命，连自己身家都不知、不懂珍惜的人，那是牲口、禽兽，你还指望他会珍惜其他生命吗？

三十一、君子行诚孝仁惠而何须落发为僧尼

内教多途，出家自是其一法耳。若能诚孝在心，仁惠为本，须达、流水，不必剃落须发。

君子处世，贵能克己复礼，济时益物……一人修道，济度几许苍生？免脱几身罪累？幸熟思之。

人生难得，勿虚过也。

——《颜氏家训·卷五 归心第十六》

【直解】

内教：指佛教修持的方法。

须达：印度释迦佛祖修行布教的住所"祇园精舍"的施

主，佛教中称其为"给孤独长者"，本名为须达。

流水：一个乐善好施的佛门弟子，名为流水。他曾见有水塘干涸，数千及万条鱼的生命垂危，便用大象从很远的地方驮来河水，把这一塘之鱼都救活了。

剃落须发：俗家子弟剃度为僧尼。

克己复礼：严格律己，让自己的言行合于古代礼法的规范。

颜氏在这两段中所讲的几句话的大意是：出家修行不过佛门一法，如果真是为了行诚孝仁惠，你只要有此心，岂只剃度出家而为僧尼一途？君子之人贵在能依礼约束自己，去做救世助人之事而有所成就。一家之长治家都希望一家喜庆，一国之君治国，都希望天下人积德积福，但这些家仆、臣民与他们有多亲密的关系呢？为什么还要为他们而去勤苦修德，努力治家治国呢？这就如同历代圣贤那样，把能给予别人以幸福欢乐，当成了自己的幸福欢乐。一个人即使你出家了，得道了，又能拯救多少苍生，能使几个人不受苦罪呢？所以颜氏希望人们如果还想到自己应有的责任，就该成家立业，"树立门户，不弃妻子"，勤学、修德以戒行，而不虚度此生。但颜氏相信人有来世，劝人修身立德积累功业，"以为来生津梁"，自是他的迷信局限。

佛门本自有信无徒，而门外何其咄咄

佛学存世，自有其价值在。劝人行善、弃恶从善、恻隐仁爱、舍身为人都当信之、行之。佛学本身有可信之处，但佛门中人却多不信佛，所以说"有信无徒"。后世高僧都自称：如果佛能度人，千万年来早已度尽，还要我等为何？而佛教本身亦未必要人剃度为僧尼，而讲我心即佛，净心即净土。佛祖身下的维摩诘大士，就不是出家人，而是妻妾成群、丰田广舍、财物无算。但他以此济世度人救助苦难，是以佛门仍尊其为大士。

人言遁入空门，而佛门何可称空？释迦尚须王城"精舍"，仍得依人施舍为度日之资。后世广兴庙宇寺观，耗费多少民间钱财？又有田地为资，争去几多民利？而入佛门者又人人不劳不作而衣食天下，实属寄生，此门怎得称为空门？所以佛门世见式微，在他的本土都不能流行，而传至中国也几毁几兴，乃至后继僧众者多有"呵佛骂祖"之人而不忍闻。

奇怪的是科学昌明的今日的中国，佛门却有复兴之势。若真为信仰，也自无可厚非，人各有志，不能强勉。但入其门者又有多少是欺世盗名寄生敛财者？而又有多少俗世中很有知识的人却肯于信奉其中大无知者所设之异端邪说，岂不更是当代一种奇观？国家学部委员足可称大学者，但却去信奉本土小无赖粗制滥造的惑众之言；国家著名的功勋级大科学家大名人，竟然肯为相师术士门下的"三脚猫"之徒惑人之技去张目推波。中国人真的有病了吗？小民之愚，尚有可原之情；而国士乃至高官大吏之徒尚有此行，真是不可思议。人心不古而何至于此？

三十二、君子不通琴瑟谓有所缺

《礼》曰："君子无故不彻琴瑟。"古来名士，多所爱好。泊（音即）于梁初，衣冠子孙，不知琴者，号有所缺。大同以末，斯风顿尽。然而此乐愔愔雅致，有深味哉！……唯不可令有称誉。

——《颜氏家训·杂艺第十九》

【直解】

彻：通撤字，放弃义。

泊：及、到。

衣冠子孙：官人家子弟。

号：称之为。

首句所引《礼记》的"君子无故不彻琴瑟",为什么呢?古代以乐为六艺之一,也有《诗》《书》《礼》《乐》并称之谓,是士子的必修课。而且琴瑟和鸣,有和谐之象征,又有寻觅知音之意,是谓君子之风,而且是士大夫们的一种雅乐不俗,以致陶渊明隐居,虽不会弹琴,也在案上陈设一架。

【绝非说教】

君子之风度少不得文雅二字

颜之推为什么既重琴之雅和,又说不可以弹出名,让人称誉呢?他自己做了回答:"唯不可令有称誉,见役勋贵,处之下坐,以取残杯冷炙之辱。戴安道犹遭之,况尔曹乎?"什么意思呢?就是说你一弹出名来,就要被那些权贵们召去陪客弹琴助酒为乐,那得坐在下席伶人戏子的位置上,连饮食都是人家吃剩下的,所以人以为辱。就连琴艺术极高的大学者、大画家戴逵,都被武陵王司马晞召过,气得他摔琴而去称:"戴安道不为王门伶人。"

会不会弹琴瑟并不重要,但君子之人,总当斯文为要,要讲一点文雅,而不可粗野无文。

那什么是"文",什么是"雅"呢?

君子风度讲文雅,首先要有举止的大方从容。大方,就是不要给人以苟且、猥琐、阴暗、羞涩之感;从容就是自然、不紧张慌乱，坐有坐样，站有站姿。英国的老外交官切斯特菲尔德甚至教导他的独生子在外面作客，一定要注意不要碰倒人家的东西、弄洒了茶水，或有所失足失手。

其次，待人要有亲和的态度，不卑不亢，知礼敬让。所谓谦谦君子，要让人有谦虚亲和之感，不骄不怒不亢不躁不争不抢先。年纪大的要有长者亲爱包容之风度，年龄小的要礼敬于先。

其次，讲话要文明。人不怕长得丑，就怕一开口。所以人言"行家一开口，就知有没有。"见什么人，说什么话，讲什么事，用什么词，都是很讲究的事。这里的文明之字，"文"是指语言要有文化味儿，不能粗话连篇，不能俗不可耐，满嘴土话脏话；当然也不能酸，尤忌卖弄。所谓文质彬彬就是此意。"明"，就是你的语言表述一定要清晰。语音大小轻重一定要适度，语速一定要有节奏，所讲的话一定有道理，一定要内行而不轻言可否。否则一旦露怯丢人是很难堪的。所以颜之推教子"观天下书未遍，不得妄下雌黄。或彼以为非，此以为是"。要少讲没用的话，开口言之有物，言必有中；要学会倾听，认真听别人讲最好，不要轻易打断别人的表述。

雅则是情趣喜好的品位。人的衣饰用品物什，人所喜好的事物，人的举止行为，都代表着人的品位。不土不俗不洋不怪为雅。古人以琴棋书画雅歌投壶为雅，今人也当有雅趣怡情冶性。

文雅是一个人综合气质的外在表现，自然流露，而不是装出来的，它是由人的修养、学养、教养三者构成的。所以孔子讲修身立德，学而时习之；礼曰不撤琴瑟；颜氏讲不知雅味深意，为君子之缺。人未必去讲究什么高雅，但总得文雅一点；也未必非得设定一个什么格调的框架去削足适履，但总得自己舒服，让人也看着顺眼，至少别妨碍他人。

三十三、君子不为博弈之戏

《家语》曰："君子不博，为其兼行恶道故也。"

然则圣人不用博弈为教；但以学者不可常精，有时疲倦，则怆为之，犹胜饱食昏睡，兀然端坐耳。

围棋有手谈、坐隐之目，颇为雅戏；但令人耽愦，废丧实多，不可常也。

——《颜氏家训·杂卷第十九》

【直解】

博：自古代而传的一种古老游戏，《楚辞》中的"六博"，棋类的一种。因其有胜负之局，所以称"兼行恶道"，既有赌味，又有杀伐之气。

手谈、坐隐：围棋的专用语。

耽愦：沉迷而昏乱。

颜之推认为博弈之戏，可为而不可常为。可为者，可为消遣雅戏，也是一种智力的较量。不可为者，令人入迷而"废丧实多"。三国费祎、东晋谢安都有闲棋破贼之美谈，但凡夫俗子非但沉迷误事，甚而沦为赌徒。所以孙权的儿子太子孙和曾命侍中韦昭专论其无益之处，"王肃、葛洪、陶侃之徒，不许目观、手执，此并笃勤之志也。"皆以沉溺于玩乐为忌，其实其害何止于此？

【绝非说教】

酒神寓礼不可溺而赌风大恶

俗言"酒友越喝越厚，牌友越赌越薄"，为什么呢？酒之原始，便是祭神、礼客之为用，是礼的产物。即使今日酒风大盛，但喝酒的时候，人人都怕自己喝多，而让他人多喝，席间推杯换盏、你推我让，此为交友之大道，所以说"越喝越厚"。而赌博之戏便不同了，其起源虽非只为一娱其乐，但无论棋牌投射之娱，均以一个"搏"字为基，都是要一较高下的，是要有胜有负的。是以其理与天下争兵乃一气相通。而胜者自喜，输者由馁而生怨气，便自有纷争不已。所以久之，便自然"越赌越薄"。尤其堕落为赌钱的工具，其害便无其止境，倾家荡产、博人妻女、大打出手、草菅人命者，何其胜数？

酒徒总是往别人的杯子里倒酒，赌徒总是往自己腰包搂钱；酒徒总怕别人喝得少，赌徒总怕别人赢得多。酒喝得越久便越黏乎，酒徒渐成不舍之友；赌得越久便越薄幸，以至反目成仇，赌徒便沦为歹徒，与匪盗无异。

酒神可敬，敬其寓于君子礼让之遗风；而酒鬼不可恕，以酒乱性而无自制者多有失德之举，害己害人亦害家，与赌之害、博之恶，殊途同归。是以天下事本多无善恶优劣之别，有如鸦片、砒霜者，亦多在人为，在人取舍。而人无择取之明，又乏自制之功，则为不可救药者。

三十四、君子治学不可师心 而"好问自裕"

"好问则裕","独学而无友,则孤陋而寡闻。"盖须切磋相起明也。见有闭门读书,师心自是。稠人广坐,谬误差失者多矣。

——《颜氏家训·卷三 勉学第八》

【直解】

好问则裕:出自《尚书》。有道是学问学问,学而必多问,而学乃富。裕:富裕、宽裕,不穷不促。

"独学"句:出自《礼记》,如果一个人独学而无师友切磋,就会孤陋寡闻。

师心自是:以自心为师,必自以为是,以误为正,必当众出丑。

稠人:人很密集。

君子治学当知其"然"，更当知其"所以然"

君子之学，当以字义为始，不知字义而何以为读？怎么能知道它"是什么"？这就是"知其然"；更当知其内涵与外延与意义之由来，这就是人们所说的"知其所以然"。学问之道最基本的就是不但知道"是什么"，更应知道"为什么"，才称得上是学问。

颜氏书中列举了许多以误为正的例子，专有"书证"一卷，来引证典籍正误，为历代训诂学家所重。如《诗经》的"荇菜"，多注为水草，其实荇菜就是荇菜，因黄花似莼菜，亦称猪莼。还有一夜为什么分为五更？而"更"字又作何说？颜答道："汉魏以来，一夜分为甲夜、乙夜、丙夜、丁夜和戊夜，也把夜分为一、二、三、四、五鼓，还叫作一、二、三、四、五更。为什么怎么分都以五为数呢？因为古人以北斗斗柄位置的移动变化来计夜时，而斗柄从日落到黎明，无论冬夏，总是经历在六到四个时辰之间，大多都在五个时辰，所以一夜以五数来划分。"更"字，便是经过的意思，所以称"更"（音京）。

颜氏称："文字者，坟籍根本。世之学徒，多不晓字"，是指人徒知记诵，而不通字义。而且他还有一卷"音辞"专辨读音之误。颜氏确称得上大学问家，所以其治学之精，后人称之为"山高海深"，并非虚言。知其然，亦必知其所以然，当为君子治学之要旨。

"人生在世，会当有业"，而必当始于勤学

人这一生无非两件大事：立身在修德；建功立业。而无论修德还是立业，齐身还是治家；无论有成还是无所成，终不能以一个"无知者"的身份而了此一生。

一千多年前的颜之推教子"人生难得，勿虚过也"；俄国的奥斯特洛夫斯基也教人只有不碌碌无为，才算不虚度此生而无所愧悔；而美国第十六任总统，至今仍被美国人奉为自助成功楷模的林肯，在十几岁就对他的母亲说："我不甘心就这样平凡地度过一生。"结果是：颜氏成为高官、"山高海深"的大学者，奥斯特洛夫斯基成为英雄，林肯成为杰出的总统。

他们的职位境界并不是人人可及的，但他们都以勤苦而"杰出"却是人人当学的。他们无不从勤学苦读而始于人生之途的初步，无不以大道至理来指导自己的行为，所以他们不但功成名就于当世，而且世代受人崇奉礼敬。这应该是每个人都应追求的一种人生境界。我们未必人人都要去当英雄、伟人，但总得有所成就，至少把自己管好，把自己该做好的做好，这也是成就，也会让人尊重。所以，颜之推又说"人生在世，会当有业"，总得要做事才对。

古人说"朝闻道，夕死可矣！"什么是道？道就是做人的道理。而人不勤于学习，又会知道什么道理呢？而无知者又能成就何事何业，不虚度此生呢？

后 记

　　《颜氏家训》有言：用人之言而弃其身为小人。笔者所引用参考之文献为吉林文史版的《颜氏家训译注》，注释者为吴玉琦、王秀霞二位先生。孔子说：不如我者引为友，强于我者引以为师。二注释者学问之精神、之精深自为我师，专此鸣谢。

　　文中直解处若有谬，文责自负。而"绝非说教"之文，则多以颜氏之论为本，而结合当今社会之现实有感而发，也只为一人之所见，有共享之心，而无说教之意，有偏颇处，欢迎批评教正。因本册为"君子人格"小丛书一部，所以只节选了颜氏有关君子家风的有关章节，以原书之编次而列序。而考错简、诂其义非本书之使命，只能以所用之原版文字述其大意，敬祈见谅。

公元2014年8月于京华寓所

116